电子技术应用综合实践

钱　敏　主编

苏州大学出版社

图书在版编目(CIP)数据

电子技术应用综合实践 / 钱敏主编. —苏州：苏
州大学出版社，2024.6
ISBN 978-7-5672-4740-6

Ⅰ. ①电… Ⅱ. ①钱… Ⅲ. ①电子技术 Ⅳ. ①TN

中国国家版本馆 CIP 数据核字(2024)第 101422 号

内容提要

本书介绍了电子技术设计中的典型应用电路，内容包括：模拟电路、数字电路常用的器件和典型应用；电源电路常用的设计方法；信号调理、波形发生器的设计及电路设计中抗干扰技术的应用；单片微型计算机的模数、数模转换技术及应用实例；三相交流异步电动机、直流电动机、步进电动机的驱动及控制技术；二维运动合成控制技术；单片微型计算机接口技术的应用，如数字量的输入/输出和常用的通信技术；智能仪器仪表的设计方法及设计实例。

本书可作为高等学校电子信息类、控制技术类等专业学生的教学参考书，全书文字叙述简明扼要，应用性较强，特别适合学生在修完电子技术、单片微型计算机理论课后进行实践与应用。本书也可作为工程技术人员的参考书。

书　　名：电子技术应用综合实践
主　　编：钱　敏
责任编辑：周建兰
装帧设计：吴　钰
出版发行：苏州大学出版社(Soochow University Press)
社　　址：苏州市十梓街 1 号　邮编：215006
印　　装：苏州市古得堡数码印刷有限公司
网　　址：www.sudapress.com
邮　　箱：sdcbs@suda.edu.cn
邮购热线：0512-67480030
销售热线：0512-67481020

开　　本：787 mm×1 092 mm　1/16　印张：12.75　字数：311 千
版　　次：2024 年 6 月第 1 版
印　　次：2024 年 6 月第 1 次印刷
书　　号：ISBN 978-7-5672-4740-6
定　　价：42.00 元

凡购本社图书发现印装错误，请与本社联系调换。服务热线：0512-67481020

Preface·······
前 言

　　世界进入 21 世纪后，信息技术得到了快速的发展与应用，它已深入社会的各个领域，成为社会正常运行的纽带。作为信息技术重要组成部分的电子技术也得到了快速发展，电子技术的应用形式发生了很大的变化，从分立器件到集成电路，从 GAL 芯片到目前广泛使用的 FPGA 芯片，从微功率、中功率器件到大功率、超大功率器件。虽然电子技术的应用形式发生了很大的变化，器件也越来越呈现其低成本、低功耗、高精度、微体积的特点，但其基本理论和技术没有发生根本性的重大改变，发生改变的是人们将计算机技术融入电子技术应用中。可以这样认为，当今一个完整的电子技术应用系统是模拟电子技术、数字电子技术和微型计算机技术这三大类技术的综合应用。电子技术、计算机技术的基本理论和使用方法已经成为各大学相关专业的必修内容。高等学校电子信息类、控制技术类等专业的学生更需要具备电路分析及系统综合设计的能力。

　　本书不仅侧重于实践与应用，而且将模拟电路、数字电路、单片微型计算机技术中的典型应用电路编排在一起介绍给读者，使读者特别是高校相关专业的学生在学习理论知识后，借助本教材介绍的典型电路就可以完成电子技术应用系统的设计，而不必分别翻阅模拟电路、数字电路、微型计算机技术相关教材，大大方便了学生。

　　全书共分为八章，第 1 章介绍了电子技术应用中常用的电子元件和器件及基本电路，然后分别介绍模拟集成电路、数字集成电路的典型应用及数字集成电路使用注意事项。第 2 章介绍了电源电路设计，包括线性稳压电源、开关稳压电源、恒流源和充电技术。第 3 章介绍了信号产生和调理，主要包括信号产生电路、信号滤波电路和电路的抗干扰技术。第 4 章介绍了单片微型计算机的模数、数模转换技术，内容包括模数转换原理及常用转换法、数模转换原理及应用实例。第 5 章介绍了常用电动机驱动控制技术，内容包括三相交流异步电动机工作原理及驱动技术，直流电动机的工作原理及驱动技术，步进电动机的工作原理及驱动技术，伺服系统的结构、分类及应用。第 6 章介绍了运动合成控制技术，包括运动控制技术的基本概念、二维运动合成的基本原理及二维运动合成设计实例。第 7 章介绍了微控制器接口技术应用，内容主要有数字量的输入/输出、电子技术中的通信技术。第 8 章介绍了智能仪器仪表，内容包括仪器仪表的分类、智能仪器仪表的功能和组成，智能仪器仪表的人机界面和通信接口，最后介绍了智能仪器仪表应用实例。

参与本书编写工作的有钱敏、邹丽新、丁建强、吕清松、王岩岩、许峰川，全书由钱敏负责统稿并担任主编。承蒙苏州大学轨道交通学院汪一鸣教授对本书进行了认真审阅，苏州大学光电科学与工程学院、物理科学与技术学院、电子信息学院、机电工程学院及其他兄弟院校的有关任课教师对本书的内容和编排提出了许多宝贵的建议，在此一并表示感谢。由于编者水平有限，书中难免有疏漏和不当之处，敬请广大同行和读者指正。

编者

2024 年 5 月

Contents ....
目 录

第1章

电子技术基础

1.1 电子技术概述

电子技术是19世纪末、20世纪初发展起来的新兴技术,在20世纪发展最为迅速,应用最为广泛,成为近代科学技术的一个重要分支。

进入21世纪,人们面临的是以半导体和集成电路为代表的微电子技术、电子计算机技术和互联网技术为标志的信息社会,高科技的广泛应用使社会生产力和经济获得了空前的发展,而电子技术是重要的基础。

电子技术有深厚成熟的基础理论支撑,有不断完善的设计开发环境,有层出不穷的新颖元器件,电子技术与其他技术日益相互渗透和融合,催生了许许多多实用的电子产品。电子技术在国防科学、工农业生产、医学、通信、生活等各个领域中都起着巨大的作用,为人类现代化生活、建设做出了重要贡献。

现代电子工程师必须掌握电子技术应用的综合实践能力,它具有重要的现实意义。

1.1.1 电子技术的定义

电子技术是指根据电子学的原理,运用电子元器件来设计和制造能实现某种特定功能的电路以解决实际问题的科学技术。电子技术通常包括信息电子技术和电力电子技术两大分支。信息电子技术又分为模拟电子技术和数字电子技术。

信息电子技术也可看成是一门对电子信号进行处理的技术。对电子信号的处理通常是由电子元件和器件构成的电路来实现的。本节主要讨论信息电子技术。

电路的基本变量主要为电压和电流。电路中电压或电流随时间变化的函数就是电子信号。根据电子信号在时间和幅值上的连续性和离散性可分为模拟信号、采样信号、量化信号、数字信号。这四种信号的示意图如图1-1所示。其中模拟信号在时间和幅值上都是连续的,数字信号在时间和幅值上都是离散的。本节主要讨论模拟信号和数字信号。

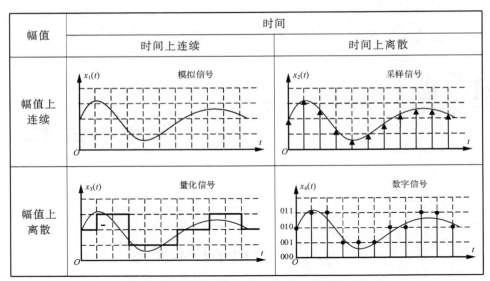

图 1-1　模拟信号、采样信号、量化信号、数字信号

　　处理模拟信号的电路被称为模拟电路,处理数字信号的电路被称为数字电路。模拟信号的处理主要有信号的发生、放大、滤波、转换等。数字信号的处理主要有无记忆单元的组合逻辑运算和有记忆单元的时序逻辑运算。

1.1.2　电子元件和器件

　　实现特定功能的电路通常由一些电子元件和器件构成。电子元件是电子电路中的独立个体,通常不再分解,如电阻、电容、电感等。若干个元件及其他材料的集成被称为器件,如集成电路、某些传感器模块、电源模块等。电子元件和器件的区分主要是为了便于电路的设计和制作。电子元件和器件有时也被合称为电子元器件。

　　相对于具有一定电路功能的集成电路而言,功能单一且“最小”的单个电子元件(电阻、电容、电感、晶体管等)被称为分立元件。目前集成电路的应用非常广泛,分立元件的比重越来越小。

　　电阻、电容、电感元件在信号通过电路时可以完成规定的功能,不需要外部激励电源,因此也被称为无源元件。

　　三极管、晶闸管、集成电路等电子元器件工作时,除了输入信号外,还必须有激励电源才能正常工作,因此被称为有源器件。

　　电子元器件按封装方式,还可分为分立元器件、表面贴装元器件(SMD)、接插式元器件。分立元器件通常需要手工或通过机器穿孔焊接,体积大,安装效率低,适用于简单电路或样机制作;表面贴装元器件(俗称贴片)需要通过 SMT 设备安装,体积小,安装效率高,适用于批量生产;接插式元器件(如 SIP、DIP 等)可以手工或通过机器插拔安装,便于维修和更换,适用于大规模或超大规模集成电路。

　　常见的电子元器件有无源分立元器件、分立半导体元器件、模拟集成电路、数字集成电路及其他器件。

1. 无源分立元器件

常见的无源分立元器件有电阻（含电位器）、电容、电感、晶体与陶瓷器件等。无源分立元器件的特性参数如表 1-1 所示。

表 1-1　无源分立元器件的特性参数

元器件名称及符号	主要特性	常见参数	使用说明
电阻	$u_R = R \cdot i_R$	额定功率、标称阻值、精度、材料、温度特性	根据需求选择固定电阻、可变电阻、电位器
电容	$i_C = \dfrac{\mathrm{d}u_C}{\mathrm{d}t}$	耐压、标称电容量、精度、材料、频率特性	根据用途选择不同材料的电容，如 CBB（聚丙烯）电容、涤纶电容、瓷片电容、云母电容、独石电容、电解电容、钽电容等
电感	$u_L = \dfrac{\mathrm{d}i_L}{\mathrm{d}t}$	额定电流、电感量、品质因数（Q 值）	根据用途选择相应的器件结构，特别关注体积和安装要求
晶体与陶瓷器件	可以等效为 LC 谐振电路	谐振频率、精度	通常陶瓷谐振器精度低（0.1%—0.5%），晶体谐振器精度高（1—30 ppm）

2. 分立半导体元器件

常见的分立半导体元器件有晶体二极管（简称二极管）、晶体三极管（简称三极管）、场效应管、可控硅（晶体闸流管）、光电耦合器件等。表 1-2 所示为分立半导体元器件的特性参数。

表 1-2　分立半导体元器件的特性参数

元器件名称及符号	主要特性	常见参数	使用说明
晶体二极管	单向导电性	额定电流、耐压、动态特性（如反向恢复时间）	根据工作用途选择不同类型的二极管（如开关二极管、检波二极管、整流二极管、低压降肖特基二极管、快速恢复二极管等），根据工作条件选择满足最大电流、耐压和工作频率的二极管
晶体三极管	电流控制电流器件	结构类型（PNP 型和 NPN 型）、电流放大系数 β、r_{be}、极限参数、动态特性（如截止频率、开关时间等）	分立的三极管多用于开关电路和精度要求不高的简单放大电路。根据工作条件选择满足极限参数（最大电流、耐压和功耗）和工作频率的三极管
场效应管	电压控制电流器件	结构类型（P 沟道和 N 沟道、结型和 MOS 型、耗尽型和增强型共六种）、跨导 g、极限参数、动态特性	分立的场效应管多用于功率开关电路。根据工作特点选择 P 沟道和 N 沟道、JFET 和 MOSFET 场效应管，根据工作条件选择满足极限参数（最大电流、耐压和功耗）和工作频率的场效应管

元器件名称及符号	主要特性	常见参数	使用说明
可控硅	可控触发的单向或双向大功率驱动器件	额定通态电流、耐压(反向重复峰值电压)、触发电流	可控硅主要用于小功率控件控制大功率设备。它在交直流电动机调速系统、调功系统中得到了广泛的应用。根据工作条件选择电流、耐压满足要求的可控硅
光电耦合器件	由发光二极管与光敏器件构成的组件	输入特性(如发光二极管的伏安特性)、输出特性(如光敏三极管的输出特性)、隔离特性(如隔离电压、绝缘电阻、分布电容等)、传输特性(如电流传输比、传输延迟时间等)	光电耦合器件主要用于信号隔离和电气隔离,提高信号的抗干扰能力,保障电气安全;也可用于一些光电传感器。根据工作要求选择隔离特性、传输特性满足需求的光电耦合器件,根据输入特性、输出特性设计相应的驱动电路和检测电路

3. 模拟集成电路

模拟集成电路有运算放大器、仪表放大器、可编程增益放大器、比较器、隔离放大器、音频放大器和其他放大器(差分放大器、对数放大器、射频放大器、电流环驱动器)等。本章后续将做重点介绍。

4. 数字集成电路

数字集成电路主要有逻辑门电路(含缓冲器、驱动器和收发器)、组合逻辑电路(如译码器和编码器、数据选择器和数据分配器、加法电路、奇偶校验器、数字比较器)、时序逻辑电路(如触发器和锁存器、计数器和寄存器)等。本章后续将做重点介绍。

5. 其他器件

这里的其他器件主要指用于特定用途,同时包括模拟信号和数字信号的处理器件,如线性稳压集成电路、开关稳压集成电路、信号发生集成电路、数模和模数转换集成电路、驱动和接口电路等。这些内容将在后续其他章节做介绍。

1.1.3 基本电路和常用技术

1. 基本电路

基本电路主要分为处理模拟信号的模拟电路和处理数字信号的数字电路。

模拟电路以运算放大器为核心,实现对模拟信号的放大(电压放大、功率放大)、运算(加法、减法、积分、微分)、转换(电阻-电压、电流-电压、电压-电流)等。

数字电路以逻辑门和触发器为基本单元,实现对数字信号的逻辑运算(如与、或、非、异或等)、算术运算(如加法、减法、乘法、除法等),数据的编码和译码,数据的选择和分配,数据的锁存和触发,数据的寄存、移位和计数,等等。

研究模拟电路和数字电路的电子技术也称模拟电子技术和数字电子技术。

2. 常用技术

电子技术中除了基本的模拟电子技术和数字电子技术外,还有一些技术需要同时处理模拟信号或数字信号,或融合了其他领域的技术,如电源技术、模数和数模转换技术、信号合成技术、显示技术、接口技术、传感器技术、电动机控制技术、通信技术、运动控制技术等。要了解电子技术的综合应用,也需要掌握这些常用的电子技术。

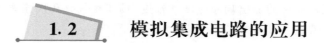

1.2　模拟集成电路的应用

现代的模拟电路广泛采用集成电路器件,模拟集成电路中应用最为广泛的是运算放大器(operational amplifier),简称运放(记为 OP 或 OPA)。运算放大器主要用于信号的放大、运算、变换及信号的产生。

运放的常见符号如图 1-2 所示。运放通常有两个输入端(记为 V_P、V_N 或 +、−)、1 个输出端(记为 V_{out})、2 个电源(V_+、V_-)和 1 个接地端(GND)。

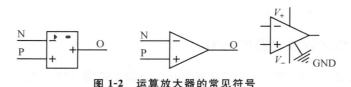

图 1-2　运算放大器的常见符号

1.2.1　集成运算放大器的参数

表示运放性能的参数非常多,有误差特性、差模特性、共模特性、大信号特性、电源特性、其他特性等。

1. 误差特性

误差特性主要指输入直流误差特性,或输入失调特性,主要反映器件的稳定性、温度特性和精度等。具体参数有输入失调电压 V_{IO}、输入偏置电流 I_{IB}、输入失调电流 I_{IO}、温度漂移等。

需要指出的是,还有一些运放采用了"斩波"技术,能做到零漂移,即在输入零信号情况下,输出也为零,不受温度的影响。

2. 差模特性

差模特性主要反映器件对差模输入信号的放大能力、输入特性、输出能力和带宽等,这也是运放的核心指标。具体参数有开环差模电压增益 A_{vo}(通常用分贝 dB 表示,一般可达 60—140dB,对应电压放大倍数为 10^3—10^7)、开环带宽 BW(f_H)、单位增益带宽 BWG(f_T)、差模输入电阻 r_{id} 和输出电阻 r_o。另外,还有差模最大输入电压 V_{imax} 和最大输出电压 V_{omax} 等。

差模输入电阻 r_{id} 通常比较大,为几兆欧至几十兆欧。输出电阻 r_o 相对较小,为几十欧至几百欧。开环差模电压增益 A_{vo} 通常在几万至几百万倍(或 80—120dB)。

3. 共模特性

共模特性主要反映器件对共模输入信号的抑制能力,也就是抗共模干扰的能力,具体参数有共模抑制比 KCMR 或 CMRR(通常用分贝 dB 表示,一般可达 80dB 以上)、共模输入电阻 r_{ic}、共模最大输入电压 V_{icmax} 等。

4. 大信号特性

大信号特性反映器件的输出响应速度和幅度,具体参数有转换速率 SR(通常也与高频响应有关)、全功率带宽 FPBW 等。

5. 电源特性

电源特性主要反映器件所需的供电特性,具体参数有电源电压(如双电源±15V、±5V,单电源 5V、12V 等)、静态功耗、最大功耗等。

6. 其他特性

其他特性综合反映了器件的特色,如高阻、低漂移、低噪声、高精度、高速、低功耗、高压(过压保护、电磁干扰保护)、大功率、仪用型、程控型、互导型、轨对轨(满幅)输出,以及器件的封装(如双立直插、贴片封装)。

1.2.2 集成运算放大器的选用

运放的参数复杂、品种繁多,主要从如下几个方面来考虑如何选用:

1. 电源和功耗

需要考虑运放所用电源尽可能与系统其他电路电源相容,采用双电源可以提升电路的性能,采用单电源可以降低电源的成本。如果有移动或便携环境的需求,则可以选用低功耗器件,但低功耗器件其动态特性往往会降低。

2. 信号处理

在信号处理方面,需要考虑器件的参数有速度、带宽、高阻、增益、精度、高电压输入、大电流输出、轨对轨(满幅)输出等。

3. 可靠性、稳定性要求

这方面需要考虑的参数有低漂移、共模抑制比、过压保护、电磁干扰滤波等。

4. 封装和价格

器件的封装和价格需要结合电子产品的批量、电路组装设备、器件的性价比等因素来考虑。建议先选择合适的供货厂商,查阅产品指南或选型手册,根据供货量多少来选择合适的器件。

5. 产品实例

以美国德州仪器(TI)公司的产品为例,各类集成运算放大器的典型产品见表 1-3。

表 1-3　各类运放的典型产品

类型	型号
通用型运放	μA741、LM358、OP07、LM324、LF412 等
精密型运放	TLC4501/TLC4502、TLE2027/TLE2037、TLE2022、TLC2201、TLC2254 等
低噪声型运放	TLE2027/TLE2037、TLE2227/TLE2237、TLC2201、TLV2362/TLV2262 等
高速型运放	TLE2037/TLE2237、TLV2362、TLE2141/TLE2142/TLE2144、TLE2071、TLE2072/TLE2074、TLC4501 等
低电压、低功率型运放	TLV2211、TLV2262、TLV2264、TLE2021、TLC2254、TLV2442、TLV2341 等

1.2.3　基本放大电路

1. 同相放大电路

由集成运放构成的同相放大电路如图 1-3 所示。放大电路的基本参数有电压放大倍数 A_{uf}、输入电阻 R_i 和输出电阻 R_o。

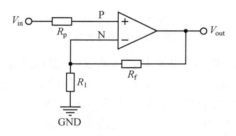

图 1-3　同相放大电路

同相放大电路的电压放大倍数为

$$A_{uf} = \frac{V_{out}}{V_{in}} = 1 + \frac{R_f}{R_1} \tag{1-1}$$

式中,电阻 R_f 和 R_1 的取值范围与集成运放的参数有关。为尽量减小集成运放输入/输出电阻的影响,电阻 R_f 和 R_1 的取值应远小于集成运放的输入电阻,并远大于集成运放的输出电阻,故一般取数千欧至数百千欧。

理想状态下,同相放大电路的输入电阻 $R_i \to \infty$,输出电阻 $R_o \to 0$,为了减小集成运放输入失调电流和偏置电流引起的误差,同相输入端的平衡电阻应取 $R_p = R_f // R_1$。

同相放大电路具有输入电阻高的优点,但因为运放有共模输入,所以,为了提高运算精度,应当选用高共模抑制比的运算放大器。对电路进行误差分析时,也应注意共模信号的影响。

同相放大电路的电压放大倍数始终大于或等于 1。当 $R_f = 0$,$R_1 \to \infty$,即 R_f 短接、R_1 断路时,输出电压全部反馈到反相输入端,构成如图 1-4 所示的电路。此时 $A_{uf} = 1$,即输出电压 V_{out} 与输入电压 V_{in} 大小相等、相位相同,而电路的输入电阻 $R_i \to \infty$,输出电阻 $R_o \to 0$,该电路称为电压跟随器,常作为阻抗变换器或功率放大器。

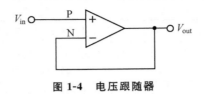

图 1-4 电压跟随器

2. 反相放大电路

由集成运放构成的反相放大电路如图 1-5 所示。反相放大电路的电压放大倍数为

$$A_{uf} = \frac{V_{out}}{V_{in}} = -\frac{R_f}{R_1} \qquad (1\text{-}2)$$

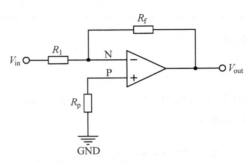

图 1-5 反相放大电路

电阻 R_f 和 R_1 的取值范围与同相放大电路类似,一般取数千欧至数百千欧。理论上该反相放大电路的输入电阻 $R_i = R_1$,输出电阻 $R_o \to 0$。为了减小集成运放输入失调电流和偏置电流引起的误差,同相输入端平衡电阻应取 $R_p = R_f // R_1$。

当 $R_f = R_1$ 时,$A_{uf} = -1$,即 $V_{out} = -V_{in}$,电路为反相器。与同相放大电路不同,反相放大电路的输入电阻 $R_i = R_1$,具有输入电阻低的特点。另外,集成运放两输入端的电位基本为 0,故没有共模信号输入。

反相放大电路与同相放大电路相比,有如下不同:

① 输出与输入为反相。

② 电压放大倍数可以小于 1。

③ 输入电阻不高。

④ 没有共模信号输入,故抗干扰能力好。

由集成运放构成的基本放大电路在实际应用时需要注意以下几点:

① 电路的电压放大倍数不宜过大。通常 R_f 小于 1 MΩ,否则会影响放大电路的精度,并易产生热噪声。R_1 也不宜过小,否则会增加信号源或前级电路的负载电流。如要实现高增益放大电路,可选用开环电压增益 A_{vo} 较大的运放,或采用多级放大电路。

② 作为闭环负反馈工作的放大器,有时还需要考虑频率特性。通常小信号上限工作频率 f_H 受运放增益带宽积 GWB = $A_{ud} \cdot f_H$ 的限制。以 μA741 为例,其开环差模电压放大倍数 $A_{ud} = 10^5$ 倍,开环 $f_H = 10$ Hz,故运放的单位增益上限频率 $f_T = 1$ MHz,即作为电压跟随器或反相器工作时的最高工作频率为 1 MHz。若用 μA741 设计 A_{uf} 为 20 dB,即电压

放大倍数为 10 倍,则电路允许的上限频率也下降至原来的 $\frac{1}{10}$,最高工作频率为 100 kHz。

③ 如果运放工作于大信号输入状态,则此时电路的最大不失真输入幅度 V_{im} 及信号频率将受运放转换速率 SR 的制约。仍以 μA741 为例,其 SR$=0.5$ V/μs,若输入信号的最高频率为 100 kHz,则其不失真最大输入电压 $V_{in} \leqslant \dfrac{SR}{2\pi f_{max}} = 0.8$V。

④ 为提高放大电路的输入电阻,可选用同相放大电路,或在反相放大电路前级增加电压跟随器。

⑤ 为提高放大电路的抗干扰能力,建议优先考虑采用反相放大电路。

1.2.4　基本运算电路

1. 求和电路

求和电路又称加法电路,常见的是反相求和电路,如图 1-6 所示,其输出电压与各输入电压的关系为

$$V_{out} = -R_f \left(\frac{V_1}{R_1} + \frac{V_2}{R_2} + \frac{V_3}{R_3} \right) \tag{1-3}$$

如取 $R_f = R_1 = R_2 = R_3$,则有 $V_{out} = -(V_1 + V_2 + V_3)$。

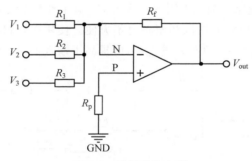

图 1-6　反相求和电路

通常取平衡电阻 $R_p = R_f // R_1 // R_2 // R_3$,式(1-3)中的负号是由反相输入引起的,在输出端再接一级反相电路,即可消去负号,实现同相的加法运算。反相求和电路由于各信号源提供的输入电流不同,表明从不同输入端看,其等效电阻不同,即输入电阻不同。

求和电路也可以用如图 1-7 所示的同相求和电路来实现。如取 $R_f = R_1 = R_2$,则有 $V_{out} = V_1 + V_2$。输出电压为各输入电压之和。

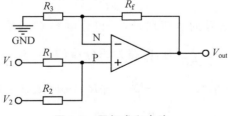

图 1-7　同相求和电路

2. 求差电路

求差电路又称减法电路,如图 1-8 所示,其输出电压与各输入电压的关系为

$$V_{out} = \left(1 + \frac{R_f}{R_1}\right)\left[\frac{\dfrac{R_3}{R_2}}{1 + \dfrac{R_3}{R_2}}\right]V_2 - \frac{R_f}{R_1}V_1 \tag{1-4}$$

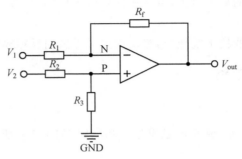

图 1-8　求差电路

当取 $R_f = R_1 = R_2 = R_3$ 时,输出电压为

$$V_{out} = V_2 - V_1 \tag{1-5}$$

如图 1-8 所示,求差电路的输入电阻 $R_i = R_1 + R_2$,其值相对较小,而要提高 R_i,将会降低电压放大倍数 A_{uf}。此外,电阻的选取和调整也不方便。使用中,可以采用两级放大电路,通过增加同相放大电路构成如图 1-9 所示的电路,既提高了输入电阻,又不影响电压增益。

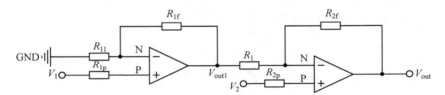

图 1-9　高输入阻抗的求差电路

上述电路,无论是对于输入端 V_1 还是对于输入端 V_2,其输入电阻非常大。由于采用两个运放,且输出电压表达式较复杂,更好的替代方案是选用仪表放大器。

3. 积分电路

积分运算电路简称积分电路,如图 1-10 所示,其输出电压为

$$V_{out} = -\frac{1}{RC}\int_0^t V_{in}\,dt \tag{1-6}$$

通常,为了限制低频信号的电压增益,在积分电容 C 两端并联一个阻值较大的电阻 R_f。当输入信号的频率 $f_i > \dfrac{1}{2\pi R_f C}$ 时,电路为积分器;若 $f_i \ll \dfrac{1}{2\pi R_f C}$,则电路近似于反相比例运算器,其低频电压放大倍数 $A_{uf} \approx -\dfrac{R_f}{R}$。当 $R_f = 100\text{k}\Omega$、$C = 0.022\mu\text{F}$ 时,积分与比例运算的分界频率(或称截止频率)约为 $\dfrac{1}{2\pi R_f C} = 72\text{Hz}$。

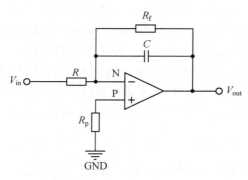

图 1-10　积分运算电路

4. 微分电路

微分运算和积分运算互为逆运算，将图 1-10 积分运算电路中的 R 和 C 位置互换，可得如图 1-11 所示的微分运算电路，其输出电压为

$$V_{out} = -RC\frac{\mathrm{d}V_{in}}{\mathrm{d}t} \tag{1-7}$$

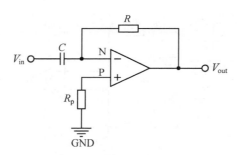

图 1-11　微分运算电路

对于基本微分运算电路，如输入电压产生阶跃变化，或有脉冲式大幅值干扰，都会使得集成运放内部的放大电路进入饱和或截止状态，出现阻塞现象。另外，还容易引起自激振荡，从而使电路不稳定。

为了解决上述问题，采用的实用微分电路如图 1-12 所示。电路在输入端串联一个小阻值电阻 R_1，限制了流过电阻 R 的电流。在反馈电阻 R 上并联稳压二极管，以限制输出电压，保证集成运放中的放大管始终工作在放大区，不至于出现阻塞现象。在 R 的两端并联小容量电容 C_1，起相位补偿作用，以提高电路的稳定性。

1.2.5　仪表放大器

仪表放大器也称仪用放大器或精密放大

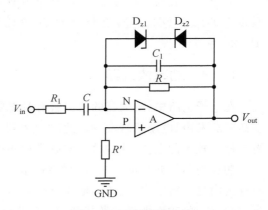

图 1-12　实用微分电路

器。其主要特点是：输入阻抗高，输出阻抗低，失调及零漂很小，共模抑制比较高，抗干扰能力强，且放大倍数调整灵活，使用方便。仪表放大器通常也是差动输入、单端输出，只需调整一个外接电阻，就能方便地改变电压增益。仪表放大器适用于大的共模电压背景下对缓变微弱的差值信号进行放大，常用于热电偶、应变电桥、生物信号等的放大。

仪表放大器的内部电路种类很多，其组成原理可以用三个运放构成的仪表放大电路来解释。三个运放构成的仪表放大电路如图 1-13 所示，其输出电压为

$$V_{out} = A_{uf}(V_1 - V_2) = \frac{R_4}{R_3}\left(1 + \frac{2R_2}{R_1}\right) \cdot (V_1 - V_2) \tag{1-8}$$

式中，R_2、R_3、R_4 分别对应图中 R_{2A} 和 R_{2B}、R_{3A} 和 R_{3B}、R_{4A} 和 R_{4B}。

当 $V_1 = V_2 = V_{ic}$ 时，输出电压 $V_{out} = 0$。该电路可以放大差模信号，抑制共模信号。差模放大倍数数值越大，共模放大倍数数值越小，共模抑制比越高。仪表放大器可以很好地抑制共模信号。

通常 R_2、R_3、R_4 集成在芯片内部，并取 $R_2 = R_3 = R_4$，只要调整一个外部电阻 R_1，就可改变放大电路的电压增益，而不需要同时调整类似的基本放大电路、基本运算电路中的平衡电阻 R_p。

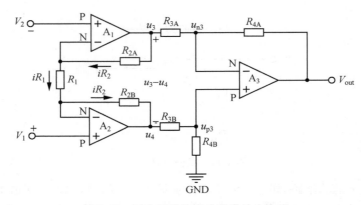

图 1-13　三个运放构成的仪表放大电路

市场上仪表放大器品种繁多，有通用型如 INA110、INA114/115、INA131 等，有高精度型如 AD522、AD620 等，有低噪声低功耗型如 INA102、INA103 等，还有可编程型如 AD526 等。

1.2.6　功率放大器

在电子电路中，放大器的输出级有时需要有一定的驱动能力，即带动一定的负载，如驱动扬声器发声、电动机转动等。此时放大器的输出级不但要能够输出较大的电压，同时还需要输出较大的电流，这种放大器就是功率放大器，简称功放。

功放与前面介绍的基本放大电路、基本运算电路、仪表放大器有许多不同之处。功放不仅要满足一定功率（电压×电流）的输出，还要关注负载特性、电源电压利用率、电源的效率、信号失真、功率器件的散热和信号频率的范围。

功放的主要特点有：通常在大信号下工作，输入电压往往比较大，而电流放大是主要任

务;在可容忍的失真情况下,尽可能提高输出功率和效率;在固定负载阻抗的情况下,尽量提高电源电压的利用率。常见的功放主要为音频的功率放大,此时的负载阻抗往往是特定的值,如 4 Ω、8 Ω、16 Ω 等。

功放根据驱动负载的三极管工作状态,可以分为甲类(或称 A 类,Class A)、乙类(或称 B 类,Class B)、甲乙类(或称 AB 类,Class AB)、丙类(或称 C 类,Class C)和丁类(或称 D 类,Class D)。

甲类功放对正弦波信号的一个周期导通角为 360°,即在输入信号的一个周期内,驱动负载的三极管一直处于放大状态。即便没有输入信号,三极管也在消耗能量,此类功放的功耗比较大,电源的效率非常低,一般低于 50%。

乙类功放的导通角为 180°,即在输入信号的一个周期内,驱动负载的三极管只有一半的时间导通。为保证在一个周期内都能驱动负载,通常使用两个互补的三极管,分别实现正负周期内的导通。乙类功放的效率低于 78.5%。另外,由于三极管发射极有死区电压,使得输入正弦信号在 0° 附近,两个三极管都不导通,即乙类功放有“交越失真”现象。虽然乙类功放效率较甲类要高些,但因存在“交越失真”,所以乙类功放的应用会受到限制。

甲乙类功放的导通角介于 180° 和 360° 之间,在乙类功放的基础上提高了导通角,减小了“交越失真”,但功耗要比乙类功放稍大些,常用于对音质要求不高的功率放大场合。

丙类功放导通角介于 0° 和 180° 之间,效率要比乙类功放高,但失真比乙类功放更严重。丙类功放主要用于射频放大电路中,不适宜普通音频的功率放大。

丁类功放也称数字功放,和上述四种功放不同,丁类功放中的三极管始终处于饱和导通或截止状态。控制系统根据输入信号的大小,控制三极管导通和截止的周期,形成不同的占空比,在输出环节对不同占空比的方波进行低通滤波,从而获得与输入信号成正比的模拟输出。由于驱动负载的三极管始终处于导通(管子两端电压接近 0)或截止(流过管子的电流接近 0)的开关状态,三极管的功耗非常小,因此丁类功放的效率很高(可以超过 90%),并且失真也可做得很小。

早期的功放主要由三极管等分立元件构成,设计和调试比较复杂。随着半导体技术的飞速发展,现在常使用集成电路功放(也称集成功放),其功能更加完善,指标也更优,减少了设计和调试电路的难度。集成功放通常由前置放大电路、驱动放大电路和末级功率放大电路构成。大部分集成功放工作在音频范围,既可用于大功率音响电路,也可用于低频的信号放大电路。下面列举几款常用的集成功放芯片。

1. LM1875

LM1875 在消费类音频应用领域使用很多,属于甲乙类功放,其单声道输出,音质醇厚、功率大。带 4 Ω、8 Ω 负载,±25 V 供电时,输出功率为 20 W;带 8 Ω 负载,±30 V 供电时,输出功率为 30 W。此外,LM1875 还具有完整的过流和过热保护电路。同时,电路设计简单,仅需极少的外部元件。LM1875 音频功放电路如图 1-14 所示。

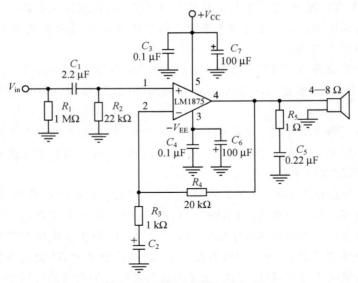

图 1-14　LM1875 音频功放电路

2. LM3886

LM3886 也是单声道输出,相比 LM1875 具有更大的功率(可达 68W)和更宽的动态范围,在其他参数上也占优势,中高端多媒体音箱中常采用 LM3886 作为音频功放芯片,LM3886 音频功放电路如图 1-15 所示。

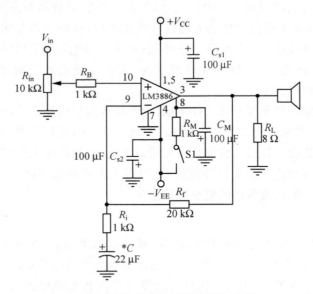

图 1-15　LM3886 音频功放电路

3. LM4766

LM4766 是一款立体声音频放大器,每个声道带 8 Ω 的负载时,可以输出 40 W 的平均功率,且失真率小于 0.1%,该芯片属于高端的单片双声道音频功率放大集成块。但是,其通常是 15 引脚 TO-220 封装,具有一定的焊接难度。LM4766 双声道音频功放电路如图 1-16 所示。

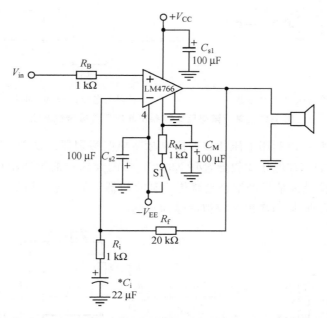

图 1-16　LM4766 双声道音频功放电路(图中仅画出了其中一个通道)

4. LM1876

LM1876 是一款双声道高保真放大器,也是 15 引脚 TO-220 封装,具有静噪、待机模式功能。其负载范围很宽,在 4—30 Ω 范围内均能稳定工作。工作电压为 ±10—±25 V,其典型应用电路和图 1-14 相同。

5. TDA7498

TDA7498 是一款双声道高保真放大器,在负载 6 Ω、电源电压 36 V 条件下可输出 100 W+100 W 功率。TDA7498 采用双 BTL 电路,属于 D 类数字功放,效率可达 90%。相对 AB 类集成功放,由 TDA7498 做成的功放模块,其体积非常小。

1.2.7　电压比较器

电压比较器用于比较电压的大小,广泛应用于各种报警电路。其输入电压通常是连续的模拟信号,输出电压表示比较的结果,只有高电平和低电平两种状态。使输出电压产生跃变的输入电压称为阈值电压。电压比较器通常分为单门限电压比较器、迟滞电压比较器和多通道幅度甄别器。

1. 单门限电压比较器

单门限电压比较器如图 1-17(a)所示,通常将一个输入端接成固定电位,即参考电位,实际应用中一般通过电阻串联分压实现。另一个输入端接被测电位,图 1-17(b)是电压传输特性曲线,其输出只有两种状态,分别为 U_H(代表输入电压大于参考电压)和 U_L(代表输入电压小于参考电压)。如果想翻转传输特性曲线,只需交换输入端和参考端。

(a) 单门限电压比较器　　　　　　　　(b) 电压传输特性曲线

图 1-17　单门限电压比较器及其电压传输特性曲线

根据上述原理,可以利用电压比较器构成脉冲幅度甄别器。以 MAX921 为例,其是一款低功耗、低电压的集成电压比较器,MAX921 外形图及构成的脉冲幅度甄别器原理图如图 1-18 所示。模拟脉冲信号经耦合电路传输到比较器 3 脚,与 4 脚基准电压比较后,由 8 脚输出数字逻辑脉冲,从而实现对模拟信号的甄别。

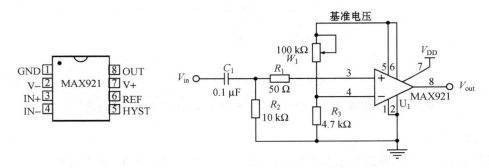

图 1-18　MAX921 外形图及构成的脉冲幅度甄别器原理图

MAX921 提供了内置参考电压,由 6 脚 REF 输出。MAX921 还提供了迟滞回差电压控制端(5 脚 HYST),如不需要迟滞量,则可将 5 脚 HYST 连接到 6 脚 REF。

2. 迟滞电压比较器

由于输入的电压信号不可避免地伴随着噪声电压,如果使用单门限电压比较器会使得叠加噪声信号的输入电压在参考电压附近来回翻转,造成误输出,那么可以采用如图 1-19 所示的迟滞电压比较器来提高单门限电压比较器的抗干扰能力。迟滞电压比较器输入电压变化方向不同,阈值电压也不同,但输入电压单调变化使输出电压只跃变一次。

迟滞电压比较器如图 1-19(a)所示,输出电压 V_{out} 通过电阻 R_1、R_2 分压引回到输入端,其输出状态不仅与输入状态有关,还取决于当前的输出状态,其电压传输特性曲线如图 1-19(b)所示,类似于磁滞回线的形状。随着输入电压的增加,工作点右移,比较器输出为 U_H,当输入电压大于 $\dfrac{R_1}{R_1+R_2} \cdot V_{CC}$ 时,比较器翻转,输出为 U_L。但是,此时参考电压由 $\dfrac{R_1}{R_1+R_2} \cdot V_{CC}$ 立即变为 $-\dfrac{R_1}{R_1+R_2} \cdot V_{CC}$,意味着当输入电压轻微地减小时,比较器也不翻转,只有当输入电压小于 $-\dfrac{R_1}{R_1+R_2} \cdot V_{CC}$ 时,比较器的输出才翻转到高电平,从而提高了比较器的抗干扰能力。

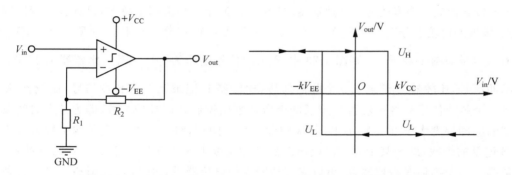

（a）迟滞电压比较器　　　　　　（b）电压传输特性曲线

图 1-19　迟滞电压比较器及其电压传输特性曲线

图 1-19（b）迟滞电压比较器的传输特性曲线是顺时针的，且两个参考电压关于 0 V 对称，如果将 R_1 下端不接地，接参考电压 U_{REF} 时，电路变成如图 1-20 所示的通用迟滞电压比较器。改变输入电压所接的输入端，可以改变比较器传输特性曲线的顺逆，如图 1-21 所示。

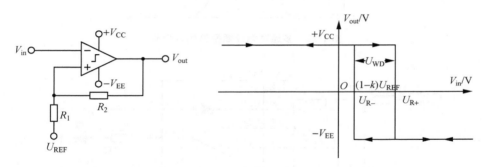

（a）通用迟滞电压比较器　　　　　　（b）电压传输特性曲线

图 1-20　通用迟滞电压比较器及其电压传输特性曲线

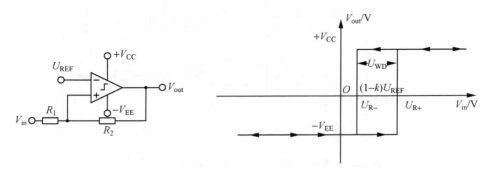

（a）通用迟滞电压比较器　　　　　　（b）电压传输特性曲线

图 1-21　逆时针迟滞电压比较器及其电压传输特性曲线

3. 多通道幅度甄别器

在捕捉某些随机信号，记录信号个数的同时需获取其幅度，如图 1-22 所示。可以采用多个比较器构成一个多通道幅度甄别器,如图 1-23 所示。根据测量要求,设置各比较器的比较点,设置的比较点分别为 0.25 V、0.5 V、0.75 V、1.0 V,取分压电阻 $R_1 = R_2 = 100$ kΩ。假如输入信号如图 1-22 所示,则图 1-23 中 P 点的信号电压为 $\frac{1}{2}V_{in}$,因此比较器 D 记录到 4 个脉冲信号,比较器 C 记录到 3 个脉冲信号,比较器 B 记录到 2 个脉冲信号,比较器 A 记录到 1 个脉冲信号。将比较器 D 记录的个数减去比较器 C 记录的个数,即为某个时间段内出现的脉冲幅度大于 0.5 V 小于 1.0 V 的脉冲数。同理,将比较器 C 记录的个数减去比较器 B 记录的个数,即为某个时间段内出现的脉冲幅度大于 1.0 V 小于 1.5 V 的脉冲数,以此类推。为精确地获得比较点,可以采用精密多圈电位器进行比较点的调整。采用这种方法还可以实现 A/D 转换,但转换的精度较低。

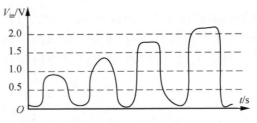

图 1-22　多通道幅度甄别器输入信号

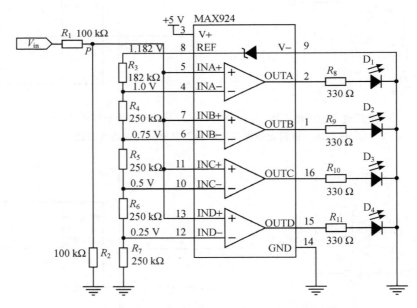

图 1-23　采用 MAX924 的多通道幅度甄别器原理图

1.2.8　程控增益放大器

现代电子产品的设计往往融入了微控制器技术,如当传感器输出信号的变化范围很宽时,需要调整模拟放大器的增益,将传感器输出信号调整到适合 A/D 转换的信号量级,以提高数据采集的精度,放大器的增益必须随传感器输出信号的变化而有所变化。因此,需要微控制器执行相应程序来控制放大器增益的变化,这种增益由程序控制的放大器被称为程控增益放大器。

程控增益放大器一般由通用运算放大器、电阻和开关网络组成。其设计思想是,用一个电阻开关网络代替放大器中的一个固定不变的增益电阻。电阻开关网络等效电阻的大小由输入程控数字量决定。相应地,放大器的增益也由输入程控数字量决定,从而实现通过程序来控制放大器的增益。

图 1-24 为反相输入程控增益放大器的原理图。图中各支路开关 S_i 的通断受输入二进制数 $(d_3d_2d_1d_0)_2$ 的相应位 d_i 控制。当 $d_i=1$ 时,开关 S_i 接通;当 $d_i=0$ 时,开关 S_i 断开。开关通断状态的不同,运算放大器输入端等效电阻的大小也不同,从而使运算放大器的闭环增益随输入二进制数的变化而变化。假设电阻取值按二进制加权,可推出反相输入程控增益放大器的闭环增益为 $A=-(d_3d_2d_1d_0)_2$。各支路开关 S_i 可选用电子模拟开关。

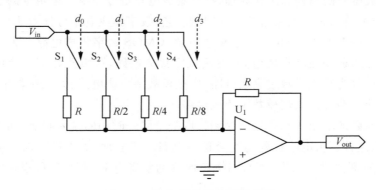

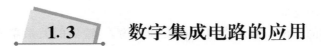

图 1-24　程控增益放大器原理图

目前,程控增益放大器亦做成集成电路的形式,如 AD524、LH0084 和 PGA202/204 等。

1.3　数字集成电路的应用

1.3.1　数字集成电路的特点及分类

1. 数字集成电路的特点

数字集成电路是处理数字信号的集成电路。与模拟电路相比,数字集成电路的特点体现在信号和处理两个方面。

（1）信号简单

目前大部分数字集成电路处理的数字信号只需要用二值数字表示，如逻辑 0 和逻辑 1 或开关的断和通；也可用逻辑电平表示，如高电平和低电平、H 电平和 L 电平、0 电平和 1 电平。因此，二值的数字信号也称逻辑信号、开关信号、二值信号。对应的二值数字电路也可称逻辑电路、开关电路。

二值数字信号可以表示一位二进制数，多位的二值数字信号可以表示多位二进制数。

由于数字信号非常简单（相对模拟信号而言），因而对器件和电路要求低，易于集成；便于大规模批量生产，成本低廉；稳定性好，抗干扰能力强；容易做到高速度、低功耗。所以，集成电路最早得到广泛应用的是数字集成电路。

（2）处理简单

数字集成电路采用逻辑运算，只需用与、或、非三种基本的逻辑运算就可实现各种复杂的逻辑运算。由逻辑运算可以进一步实现算术运算和其他运算。数字集成电路还可存储二进制数，容易实现计数和移位操作。数字集成电路可靠性好，精度高，便于存储、传输和处理。数字集成电路容易实现可编程、高速计算。

2. 数字集成电路的分类

按数字集成电路的结构和工作原理，数字集成电路可分为组合逻辑电路和时序逻辑电路（简称为组合电路和时序电路）；按器件制造工艺，数字集成电路可分为 TTL 数字集成电路、PMOS 数字集成电路、NMOS 数字集成电路、CMOS 数字集成电路。另外，按用途，数字集成电路可分为通用数字集成电路、专用数字集成电路、可编程数字集成电路；按规模，数字集成电路可分为小规模数字集成电路、中规模数字集成电路、大规模数字集成电路、超大规模数字集成电路和甚大规模数字集成电路。

如果逻辑电路的输出状态在任何时刻仅取决于同一时刻的输入状态，而与电路原本的状态无关，那么这种逻辑电路被称为组合逻辑电路。相应地，如果逻辑电路的输出状态不仅取决于同一时刻的输入状态，而且与电路原本的状态有关，那么这种逻辑电路被称为时序逻辑电路。

组合逻辑电路的输出与输入之间不存在反馈。输入/输出的关系可以用一组逻辑函数来表示。组合逻辑电路的基本单元电路是门电路，实现的基本功能是与、或、非、与非、或非、与或非、异或、同或等，常见的组合逻辑电路有编码器、译码器、数据分配器、数据选择器、加法器、数据比较器等。

时序逻辑电路的输出与输入之间存在反馈。输入/输出的关系需要用多组逻辑函数（如激励方程、状态方程和输出方程）来表示。时序逻辑电路的基本单元电路是锁存器（latch）和触发器（trigger）。实现的基本功能是通过锁存和触发来存储信息。常见的时序逻辑电路有寄存器和计数器。

对应用者来说，不同制造工艺的数字集成电路主要体现在电路的逻辑电平约定上。常见的是 TTL 和 CMOS 逻辑电平，具体如表 1-4 所示。其中，V_{IL} 为输入低电平电压，V_{IH} 为输入高电平电压，V_{OL} 为输出低电平电压，V_{OH} 为输出高电平电压，V_{NL} 为低电平噪声容限，V_{NH} 为高电平噪声容限。$V_{NL} = V_{IL(MAX)} - V_{OL(MAX)}$，$V_{NH} = V_{OH(MIN)} - V_{IH(MIN)}$，噪声容限体现了电路的抗干扰能力。逻辑电平范围如表 1-4 和图 1-25 所示。

表 1-4　逻辑电平范围

逻辑电平	工作条件	V_{IL}/V	V_{IH}/V	V_{OL}/V	V_{OH}/V	V_{NL}/V	V_{NH}/V
TTL、LSTTL 电平	电源 $V_{CC}=5\ V$	≤0.8	≥2.0	≤0.4	>2.4	0.4	0.4
74HC 系列 CMOS 电平	电源 $V_{DD}=5\ V$	≤1.5	≥3.5	≤0.1	>4.9	1.4	1.4
74LVC 系列 CMOS 电平	电源 $V_{DD}=3.3\ V$	≤0.8	≥2.0	≤0.2	>3.1	0.6	1.1
4000 系列 CMOS 电平	电源 $V_{DD}=5\ V$	≤1.0	≥4.0	≤0.05	>4.95	0.95	0.95

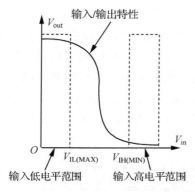
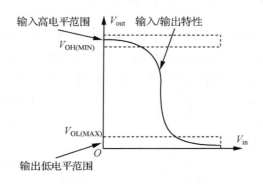

图 1-25　逻辑电平范围示意图

3. 逻辑体制

目前的数字集成电路中通常有两种电平信号,即"低电平"(常记为 L 电平)和"高电平"(常记为 H 电平)来分别表示两种逻辑信号:逻辑"0"和逻辑"1"。"正逻辑"体制约定:L 电平表示逻辑"0"信号,H 电平表示逻辑"1"信号。而"负逻辑"体制约定正好相反,即 L 电平表示逻辑"1"信号,H 电平表示逻辑"0"信号。

需要指出,器件输入/输出之间的电平关系仅与器件本身有关,与约定的逻辑体制无关。而器件输入/输出之间的逻辑关系不仅与器件的电平关系有关,还与约定的逻辑体制有关。即某一数字集成电路输入/输出之间的电平关系是确定的,而其输入/输出之间的逻辑关系在不同的逻辑体制下有可能是不一样的。故数字集成电路器件厂商在产品手册里常使用电平信号("L"和"H")来描述器件输入/输出的关系,或在约定逻辑体制(如"正逻辑"或"负逻辑")后采用逻辑信号("0"和"1")来描述器件输入/输出的关系。目前大部分数字电路器件使用正电源,都采用"正逻辑"体制约定。早期使用负电源的器件(如 PMOS 器件)曾采用"负逻辑"体制约定。

1.3.2　常用组合逻辑电路 IC

1. 逻辑门

在数字电路中,逻辑门是最基本的电路元件,主要包括反相器、缓冲器、与门、或门、与非门、或非门、异或门等。

(1) 反相器和同相缓冲器

反相器的逻辑功能如下：

$$Y = \overline{A} \tag{1-9}$$

即当输入为高电平时，输出为低电平；当输入为低电平时，输出为高电平。反相器的代表器件为 74LS04，其引脚分布如图 1-26(a)所示。该芯片内部集成了 6 个独立的反相器，故也称六路反相器。此外，74LS05 是 74LS04 的集电极开路输出型反相器，74LS14 是使用施密特触发器电路的反相器，其阈值电平有滞后特征，可以用于波形整形。具有一定驱动能力的称为缓冲器(buffer)或驱动器(driver)。

同相缓冲器的逻辑功能如下：

$$Y = A \tag{1-10}$$

当输入 A 为高电平时，输出 Y 为高电平；当输入 A 为低电平时，输出 Y 为低电平。输入/输出的逻辑电平相同(提示：门电路的输出电压不一定与输入电压相同)，但增加了输出驱动能力，用于驱动需要较大电流的元件。缓冲器的代表器件为 74LS07，其引脚分布如图 1-26(b)所示。(有关芯片的参考文献见：Texas Instruments Incorporated. Digital Logic Pocket Data Book[EB/OL]. (2008-09-03)[2022-10-03]. https://www.ti.com/lit/ug/scyd013b/scyd013b.pdf.)

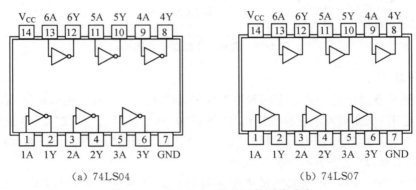

(a) 74LS04　　　　　　　　　　　　(b) 74LS07

图 1-26　74LS04 与 74LS07 的引脚分布

74LS07 芯片内部集成了 6 个独立的缓冲器/驱动器，故也称六路缓冲器，且为集电极开路输出，可连接高电压逻辑电平电路的接口(如 CMOS)，也可驱动高强度电流负载。此外，74LS17 与 74LS07 基本相同，只是 74LS17 额定最高输出电压为 15V，而 74LS07 额定最高输出电压为 30V。

(2) 与非门和或非门

逻辑门主要有与门、或门、与非门、或非门、异或门等，其中与非门和或非门最为常用，与非门的逻辑功能如下：

$$Y = \overline{AB} \tag{1-11}$$

即仅当两个输入端同时为高电平时，输出为低电平；有一个输入端为低电平，则输出为高电平。输入/输出的高低电平关系可记为"有 L 则 H，全 H 才 L"。与非门的代表器件为 74LS00，其引脚分布如图 1-27(a)所示。该芯片内部集成了 4 个独立的 2 输入与非门。此外，74LS37 是 74LS00 的缓冲器输出型；74LS38 是 74LS00 的集电极开路输出型。CMOS

的 4000 系列中,常用的 4 个 2 输入与非门为 CD4011B(提示:CD4011B 的引脚排列与 74LS00 有所不同)。

74LS00 按"正逻辑"体制约定("L"和"H"分别表示"0"和"1"),输入/输出之间逻辑信号关系有"有 0 则 1,全 1 才 0",是正逻辑与非门,这与电平关系是一致的。

需要指出,74LS00 如按"负逻辑"体制约定("L"和"H"分别表示"1"和"0"),输入/输出之间逻辑信号关系有"有 1 则 0,全 0 才 1",属于负逻辑或非门。即 74LS00 电平关系和正逻辑关系是一致的,都是与非门,而 74LS00 按负逻辑约定却是或非门。(方便起见,之后默认采用"正逻辑"体制,故器件不再区分电平关系和逻辑关系。)

或非门的逻辑功能如下:

$$Y = \overline{A + B} \tag{1-12}$$

即仅当两个输入端同时为低电平时,输出为高电平;当有一个输入端为高电平时,输出为低电平。输入/输出高低电平关系可记为"有 H 则 L,全 L 才 H"。或非门的代表器件为 74LS02,其引脚分布如图 1-27(b)所示。该芯片内部集成了 4 个独立的 2 输入或非门。

另外,逻辑门电路还有与门和或门。与门的代表逻辑器件为 74LS08,该芯片内部集成了 4 个独立的 2 输入与门。或门的代表逻辑器件为 74LS32,该芯片内部集成了 4 个独立的 2 输入或门。74LS08 和 74LS32 引脚分布分别如图 1-27(c)、(d)所示。

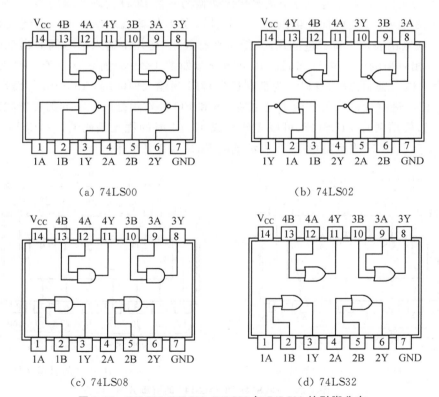

图 1-27　74LS00、74LS02、74LS08 与 74LS32 的引脚分布

2. 编码器和译码器

数字系统中存储或处理的信息可以是二进制代码或其他形式的代码。将其他形式的代码(如八进制、十进制)转换成二进制代码、BCD码(4位二进制表示的1位十进制代码)的逻辑电路称为编码器[图1-28(a)]。而将二进制代码、BCD码转换为其他形式的代码(如八进制、十进制、七段显示代码)的逻辑电路称为译码器[图1-28(b)]。

(a)编码器   (b)译码器

图 1-28　编码器和译码器示意图

(1)编码器

下面介绍常见的编码器74LS148和74LS147,前者是将一位八进制代码转换为三位二进制代码的编码器,后者是将一位十进制代码转换为一位BCD代码的编码器。

74LS148是8—3线的优先编码器。74LS148的8线输入表示一位八进制代码(低电平有效),3线输出表示三位二进制代码(低电平有效)。当几个输入信号同时出现时,只对其中优先权相对高的一个进行编码。其引脚分布如图1-29(a)所示,0—7为编码输入端(可表示为一位八进制代码,且以7为最高优先),EI为输入使能端,A0—A2为编码输出端(可表示三位二进制代码),另外两个输出端GS和EO的作用是区别不同的工作状态,用于电路扩展,如使用两片74LS148,可以方便构成16—4线的优先编码器。74LS148的逻辑功能见表1-5,其中H表示高电平,L表示低电平,X为任意电平。

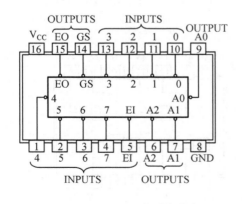

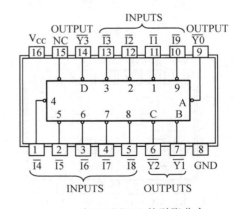

(a)74LS148的引脚分布   (b)74LS147的引脚分布

图 1-29　74LS148 和 74LS147 的引脚分布

表 1-5　74LS148 的逻辑功能

| 输入 | | | | | | | | | 输出 | | | | | 说明 |
EI	0	1	2	3	4	5	6	7	A2	A1	A0	GS	EO	
H	X	X	X	X	X	X	X	X	H	H	H	H	H	输入没有使能,不进行编码
L	H	H	H	H	H	H	H	H	H	H	H	H	L	输入使能,但输入无效(0—7 均为 H)
L	X	X	X	X	X	X	X	L	L	L	L	L	H	输入数据 7,输出为二进制数 111
L	X	X	X	X	X	X	L	H	L	L	H	L	H	输入数据 6,输出为二进制数 110
L	X	X	X	X	X	L	H	H	L	H	L	L	H	输入数据 5,输出为二进制数 101
L	X	X	X	X	L	H	H	H	L	H	H	L	H	输入数据 4,输出为二进制数 100
L	X	X	X	L	H	H	H	H	H	L	L	L	H	输入数据 3,输出为二进制数 011
L	X	X	L	H	H	H	H	H	H	L	H	L	H	输入数据 2,输出为二进制数 010
L	X	L	H	H	H	H	H	H	H	H	L	L	H	输入数据 1,输出为二进制数 001
L	L	H	H	H	H	H	H	H	H	H	H	L	H	输入数据 0,输出为二进制数 000

此外,常用的优先编码器还有 10—4 线的 BCD 优先编码器 74LS147。74LS147 的引脚分布如图 1-29(b)所示,逻辑功能见表 1-6。74LS147 的 10 线输入表示一位十进制代码, 4 线输出表示一位 BCD 码(二进制表示的十进制编码)。$\overline{I1}$—$\overline{I9}$为编码输入端(表示一位十进制代码),低电平有效,其中$\overline{I0}$省略了,且以$\overline{I9}$为最高优先;$\overline{Y0}$—$\overline{Y3}$为 BCD 编码输出端,低电平有效。需要指出,两片 74LS147 可以方便地构成两位十进制数至两位 BCD 码的编码,而不需要类似 74LS148 的扩展端 GS、EO、EI。

表 1-6　74LS147 的逻辑功能

| 输入 | | | | | | | | | 输出 | | | | 说明 |
$\overline{I1}$	$\overline{I2}$	$\overline{I3}$	$\overline{I4}$	$\overline{I5}$	$\overline{I6}$	$\overline{I7}$	$\overline{I8}$	$\overline{I9}$	$\overline{Y3}$	$\overline{Y2}$	$\overline{Y1}$	$\overline{Y0}$	
H	H	H	H	H	H	H	H	H	H	H	H	H	默认输入为 0,输出 0000
L	H	H	H	H	H	H	H	H	H	H	H	L	输入为 1,输出 0001
X	L	H	H	H	H	H	H	H	H	H	L	H	输入为 2,输出 0010
X	X	L	H	H	H	H	H	H	H	H	L	L	输入为 3,输出 0011
X	X	X	L	H	H	H	H	H	H	L	H	H	输入为 4,输出 0100
X	X	X	X	L	H	H	H	H	H	L	H	L	输入为 5,输出 0101
X	X	X	X	X	L	H	H	H	H	L	L	H	输入为 6,输出 0110
X	X	X	X	X	X	L	H	H	H	L	L	L	输入为 7,输出 0111
X	X	X	X	X	X	X	L	H	L	H	H	H	输入为 8,输出 1000
X	X	X	X	X	X	X	X	L	L	H	H	L	输入为 9,输出 1001

（2）译码器

译码器与编码器的功能相反,译码器通常是将若干位的二进制代码(或 BCD 码)转换成其他形式的代码。根据功能不同,译码器可分为通用译码器和显示译码器。通用译码器是将二进制代码转换为其他进制的译码器。显示译码器是将二进制代码或 BCD 码转换为笔段显示码。

① 通用译码器。

常见的通用译码器有 3—8 译码器 74LS138 和双 2—4 译码器 74LS139。74LS138 和 74LS139 的引脚分布如图 1-30 所示。74LS138 和 74LS139 的逻辑功能分别见表 1-7 和表 1-8。这里的功能表按"正逻辑"约定,用逻辑量"0"和"1"来表示,任意值用 X 表示。利用 74LS138 的使能控制端,可用 2 片 74LS138 方便扩展成 4—16 译码器。

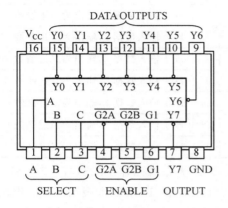
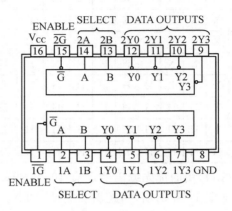

（a）74LS138 的引脚分布　　　（b）74LS139 的引脚分布

图 1-30　74LS138 和 74LS139 的引脚分布

表 1-7　74LS138 的逻辑功能

使能控制			数据输入			数据输出								说明
G1	$\overline{G2A}$	$\overline{G2B}$	C	B	A	Y0	Y1	Y2	Y3	Y4	Y5	Y6	Y7	
X	1	X	X	X	X	1	1	1	1	1	1	1	1	非使能
X	X	1	X	X	X	1	1	1	1	1	1	1	1	非使能
0	X	X	X	X	X	1	1	1	1	1	1	1	1	非使能
1	0	0	0	0	0	0	1	1	1	1	1	1	1	译码输出 0
1	0	0	0	0	1	1	0	1	1	1	1	1	1	译码输出 1
1	0	0	0	1	0	1	1	0	1	1	1	1	1	译码输出 2
1	0	0	0	1	1	1	1	1	0	1	1	1	1	译码输出 3
1	0	0	1	0	0	1	1	1	1	0	1	1	1	译码输出 4
1	0	0	1	0	1	1	1	1	1	1	0	1	1	译码输出 5
1	0	0	1	1	0	1	1	1	1	1	1	0	1	译码输出 6
1	0	0	1	1	1	1	1	1	1	1	1	1	0	译码输出 7

表 1-8　74LS139 的逻辑功能

使能控制	数据输入		数据输出				说明
$\overline{G}$	B	A	Y0	Y1	Y2	Y3	
1	1	1	1	1	1	1	非使能
0	0	0	0	1	1	1	译码输出 0

续表

使能控制	数据输入		数据输出				说明
$\overline{G}$	B	A	Y0	Y1	Y2	Y3	
0	0	1	1	0	1	1	译码输出 1
0	1	0	1	1	0	1	译码输出 2
0	1	1	0	1	1	0	译码输出 3

② 显示译码器。

显示译码器与通用译码器不同,其输出的通常是 7 段数码显示器的显示码,可以显示 0—9 十个数字(其中 6 和 9 会有两种不同的显示码)。7 段数码显示器可以是 LED 数码显示器,也可以是 LCD 笔段显示器。

LED 7 段发光二极管数码显示器有共阴极和共阳极两种接法。在共阴极数码管中,当某一段接高电平时,该段发光;在共阳极数码管中,当某一段接低电平时,该段发光。因此,使用哪种数码管一定要与使用的七段译码显示器相配合。对 LCD 笔段显示器,没有共阴和共阳之分,对每个笔段,显示时该笔段与显示器公共电极需要有一个占空比为 50% 的方波,以防止液晶有分解。7 段显示数码管笔段码及共阴极、共阳极 LED 原理图如图 1-31 所示。

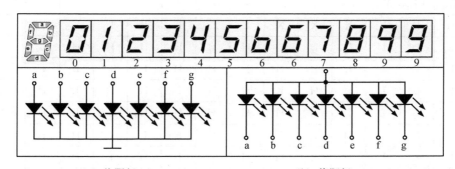

(a) 共阴极   (b) 共阳极

图 1-31　7 段显示数码管笔段码及共阴极、共阳极 LED 原理图

常见的显示译码器有 74LS47 和 74LS247 BCD/7 段显示译码/驱动器(共阳驱动)、74LS48 和 74LS248 BCD/7 段显示译码/驱动器(共阴驱动)、CD4511 BCD/7 段显示译码/驱动器(带锁存,共阴驱动)、CD4543 BCD/7 段显示译码/驱动器(带锁存,共阴/共阳/LCD 驱动)。这些显示译码器有的还带有灯测试、消隐、动态灭零、集电极开路驱动等功能。下面具体介绍其中的 CD4543 显示译码器。

CD4543 是 BCD/7 段显示译码/驱动器,可以驱动共阳 LED、共阴 LED 和 LCD 数码显示器,并带有锁存功能。CD4543 的引脚分布和内部框图如图 1-32 所示,CD4543 的逻辑功能见表 1-9。

CD4543 的 BCD 码输入为 D3—D0,LD 为锁存控制输入端,BI 为消隐控制输入端,PH 为相位控制输入,a—g 为笔段驱动输出端。当 BI＝H 电平时,输出显示为暗码(即所有笔段不显示);当 BI＝L 且 LD＝H 时,进行译码显示,此时点亮显示的笔段 a—g,输出的电平与 PH 反相。当 PH＝L 时,点亮的笔段为 H 电平;当 PH＝H 时,点亮的笔段为 L 电平,而没有点亮显示的笔段 a—g 输出与 PH 同相。当由 LD＝H 电平变到 LD＝L 电平时,CD4543 内部锁存器保持原来状态,不再受 BCD 码输入 D3—D0 的影响,从而保持了原来的显示状态。

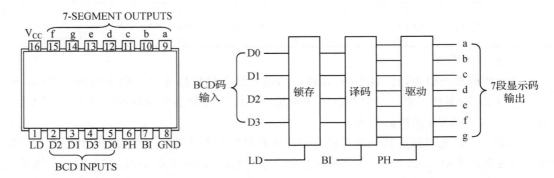

图 1-32　CD4543 的引脚分布和内部框图

表 1-9　CD4543 的逻辑功能

输入							输出							显示数据
LD	BI	PH	D3	D2	D1	D0	a	b	c	d	e	f	g	
X	H	L	X	X	X	X	L	L	L	L	L	L	L	暗
H	L	L	L	L	L	L	H	H	H	H	H	H	L	0
H	L	L	L	L	L	H	L	H	H	L	L	L	L	1
H	L	L	L	L	H	L	H	H	L	H	H	L	H	2
H	L	L	L	L	H	H	H	H	H	H	L	L	H	3
H	L	L	L	H	L	L	L	H	H	L	L	H	H	4
H	L	L	L	H	L	H	H	L	H	H	L	H	H	5
H	L	L	L	H	H	L	H	L	H	H	H	H	H	6
H	L	L	L	H	H	H	H	H	H	L	L	L	L	7
H	L	L	H	L	L	L	H	H	H	H	H	H	H	8
H	L	L	H	L	L	H	H	H	H	H	L	H	H	9
H	L	L	H	L	H	L	L	L	L	L	L	L	L	暗
H	L	L	H	L	H	H	L	L	L	L	L	L	L	暗
H	L	L	H	H	L	L	L	L	L	L	L	L	L	暗
H	L	L	H	H	L	H	L	L	L	L	L	L	L	暗
H	L	L	H	H	H	L	L	L	L	L	L	L	L	暗
H	L	L	H	H	H	H	L	L	L	L	L	L	L	暗
L	L	L	X	X	X	X	保持 LD＝H 时的状态							保持
同上	H	同上					同上面相反的电平							同上

CD4543 驱动的笔段 a—g 由 BCD 码输入 D3—D0 译码确定,如 BCD 码超出 10 范围 (1010—1111),则显示为暗码。

当 CD4543 驱动共阴 LED 时,PH 接 L 电平,则点亮的笔段 a—g 输出 H 电平;当 CD4543 驱动共阳 LED 时,PH 接 H 电平,则点亮的笔段 a—g 输出 L 电平。当 CD4543 驱动 LCD 数码显示器时,PH 与 LCD 数码显示器的衬底接交变的方波,则点亮的笔段 a—g 输出与衬底之间始终有交变的方波信号,对应的笔段会显示,而平均直流分量为 0,避免 LCD 在长期直流电压作用下的液晶分解引起的损坏;没有点亮的笔段 a—g 输出与衬底之间为同相的方波信号,没有形成电压差,不会显示笔段。

需要指出,对多位 LED 数码显示器,通常采用扫描驱动,可使用一个译码器以减少连线。但对多位 LCD 数码显示器,很难通过单个的译码器来扫描驱动,此时往往需要专用的 LCD 驱动芯片。

3. 数据选择器和数据分配器

数字系统中经常需要将多路数据通道分时在一路数据通道中传输,将并行数据转换为串行数据,将串行数据转换为并行数据,分时采样多路数据,等等,此时需要用到数据选择器和数据分配器。数据选择器也称多路调制器(MUX,Multiplexer),其功能是将多路数据分时调制成一路数据。数据分配器也称多路解调器(DMUX,Demultiplexer),其功能是将一路数据分时解调成多路数据。数据选择器/多路调制器和数据分配器/多路解调器示意图如图 1-33 所示。

（a）数据选择器/多路调制器　　　　　（b）数据分配器/多路解调器

图 1-33　数据选择器/多路调制器和数据分配器/多路解调器示意图

（1）数据选择器

数据选择器完成的功能是从多个通道中选择某个数据到其输出端。常见的数据选择器有 4 * 2 选 1 数据选择器(如 74HC157、CD4053)、双 4 选 1 数据选择器(如 74HC153、CD4052)、8 选 1 数据选择器(如 74HC151、CD4051)、16 选 1 数据选择器(如 74HC4067)。

4 * 2 选 1 数据选择器 74HC157 的引脚分布如图 1-34 所示,逻辑功能见表 1-10,内部结构如图 1-35 所示。

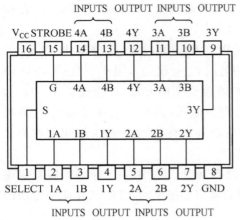

图 1-34　74HC157 的引脚分布

表 1-10　74HC157 的逻辑功能

输入		输出
STROBE	SELECT	Y
H	X	L
L	L	A
L	H	B

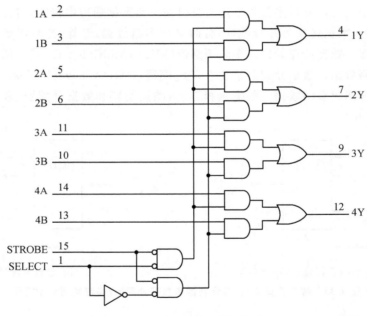

图 1-35　74HC157 的内部结构

　　双 4 选 1 数据选择器 74HC153 的引脚分布如图 1-36 所示,逻辑功能见表 1-11,内部结构如图 1-37 所示。

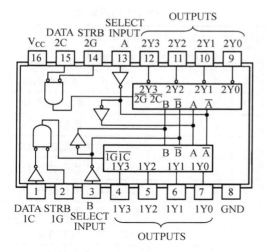

图 1-36　74HC153 的引脚分布

表 1-11　74HC153 的逻辑功能

输入				输出			
SELECT	STROBE	DATA		Y0	Y1	Y2	Y3
B	A	$\overline{G}$	C				
X	X	H	X	H	H	H	H
L	L	L	L	L	H	H	H
L	H	L	L	H	L	H	H
H	L	L	L	H	H	L	H
H	H	L	L	H	H	H	L
X	X	X	H	H	H	H	H

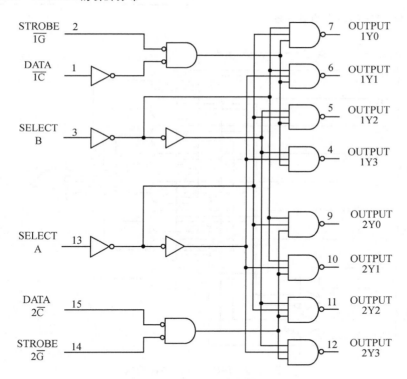

图 1-37　74HC153 的内部结构

　　8 选 1 数据选择器 74HC151 的引脚分布如图 1-38 所示,逻辑功能见表 1-12,内部结构如图 1-39 所示。

表 1-12　74HC151 的逻辑功能

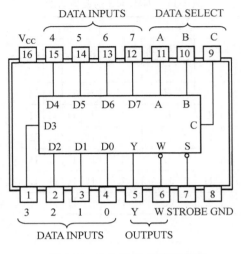

选择控制			使能控制	数据输出		说明
C	B	A	STROBE	Y	W	
X	X	X	1	0	1	无数据选择
0	0	0	0	D0	$\overline{D0}$	数据选择 D0
0	0	1	0	D1	$\overline{D1}$	数据选择 D1
0	1	0	0	D2	$\overline{D2}$	数据选择 D2
0	1	1	0	D3	$\overline{D3}$	数据选择 D3
1	0	0	0	D4	$\overline{D4}$	数据选择 D4
1	0	1	0	D5	$\overline{D5}$	数据选择 D5
1	1	0	0	D6	$\overline{D6}$	数据选择 D6
1	1	1	0	D7	$\overline{D7}$	数据选择 D7

图 1-38　74HC151 的引脚分布

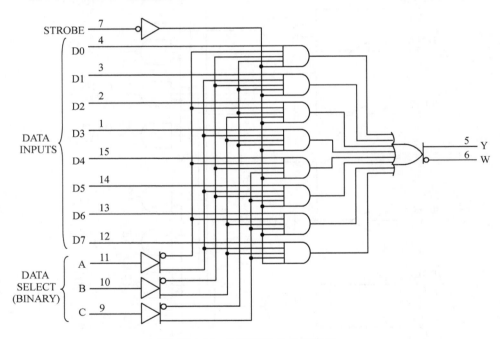

图 1-39　74HC151 的内部结构

（2）数据分配器

数据分配器与数据选择器的数据方向正好相反,数据分配器完成的功能是将一个数据分配到多个通道中的某一个。常见的数据分配器有 4 * 1—2 数据分配器（如 CD4053）、双 1—4 数据分配器（如 74HC139、CD4052）、1—8 数据分配器（如 74HC138、CD4051）等。

需要指出的是,实际上许多数据分配器也就是带有使能控制端的通用译码器。例如,74HC139 既是双 1—4 数据分配器,也是双 2—4 译码器;74HC138 既是 1—8 数据分配器,也是 3—8 译码器。

74HC138 作为 1—8 数据分配器的逻辑功能见表 1-13(其中数据输入 $\overline{G}$ = G1 · $\overline{G2A}$ · $\overline{G2B}$)。74HC139 作为双 1—4 数据分配器的逻辑功能见表 1-14(其中数据输入为 $\overline{G}$)。

表 1-13 74HC138 作为 1—8 数据分配器的逻辑功能

分配控制			数据输出								说明
C	B	A	Y0	Y1	Y2	Y3	Y4	Y5	Y6	Y7	
0	0	0	$\overline{G}$	1	1	1	1	1	1	1	数据分配至 Y0
0	0	1	1	$\overline{G}$	1	1	1	1	1	1	数据分配至 Y1
0	1	0	1	1	$\overline{G}$	1	1	1	1	1	数据分配至 Y2
0	1	1	1	1	1	$\overline{G}$	1	1	1	1	数据分配至 Y3
1	0	0	1	1	1	1	$\overline{G}$	1	1	1	数据分配至 Y4
1	0	1	1	1	1	1	1	$\overline{G}$	1	1	数据分配至 Y5
1	1	0	1	1	1	1	1	1	$\overline{G}$	1	数据分配至 Y6
1	1	1	1	1	1	1	1	1	1	$\overline{G}$	数据分配至 Y7

表 1-14 74HC139 作为双 1—4 数据分配器的逻辑功能

使能控制	数据输入		数据输出				说明
$\overline{G}$	B	A	Y0	Y1	Y2	Y3	
0	0	0	$\overline{G}$	1	1	1	数据分配至 Y0
0	0	1	1	$\overline{G}$	1	1	数据分配至 Y1
0	1	0	1	1	$\overline{G}$	1	数据分配至 Y2
0	1	1	0	1	1	$\overline{G}$	数据分配至 Y3

(3) 由双向模拟开关构成的数据选择器和数据分配器

另外,需要指出,由双向模拟开关构成的数据选择器同时也是数据分配器,只要将数据的输入/输出端方向互换就可实现。例如,CD4053(SN74LV4051A)既是 4 * 1—2 数据分配器,也是 4 * 2 选 1 数据选择器;CD4052 既是双 1—4 数据分配器,也是双 4 选 1 数据选择器;CD4051 既是 1—8 数据分配器,也是 8 选 1 数据选择器。CD4051 的引脚分布和内部结构如图 1-40 所示。其中 A、B、C 和 INH 是数字信号输入端,COM 与 Y0—Y7 之间由双向模拟开关连接,可以传输数字信号,也可以传输模拟信号。既可以是 COM 为信号输入端,Y0—Y7 为信号输出端;也可以是 COM 为信号输出端,Y0—Y7 为信号输入端。

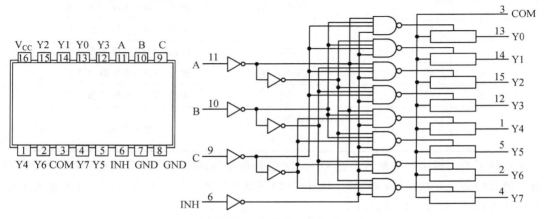

图 1-40 CD4051 的引脚分布和内部结构

CD4051 作为 1—8 数据分配器的逻辑功能见表 1-15,表中"X"表示任意状态;"—"表示输出端与内部断开,对外呈高阻状态,也称三态。此时 COM 端为数据输入端,C、B、A 为分配控制端,Y0—Y7 为数据输出端,INH 为禁止端。当 INH=1 时禁止分配,即 COM 与 Y0—Y7 断开;当 INH=0 时允许分配,即 COM 根据 C、B、A 分配至数据输出端 Y0—Y7。

CD4051 作为 8 选 1 数据选择器的逻辑功能见表 1-16。此时 COM 端为数据输出端,C、B、A 为选择控制端,Y0—Y7 为数据输入端,INH 为禁止端。当 INH=1 时禁止分配,即 Y0—Y7 与 COM 断开;当 INH=0 时允许选择,即根据 C、B、A 选择输入数据 Y0—Y7 至输出端 COM。CD4051 还可实现 3—8 译码器功能和三变量通用逻辑函数功能。

表 1-15　CD4051 作为 1—8 数据分配器的逻辑功能

禁止	分配控制			数据输出								说明
INH	C	B	A	Y0	Y1	Y2	Y3	Y4	Y5	Y6	Y7	
0	0	0	0	COM	—	—	—	—	—	—	—	数据 COM 分配至 Y0
0	0	0	1	—	COM	—	—	—	—	—	—	数据 COM 分配至 Y1
0	0	1	0	—	—	COM	—	—	—	—	—	数据 COM 分配至 Y2
0	0	1	1	—	—	—	COM	—	—	—	—	数据 COM 分配至 Y3
0	1	0	0	—	—	—	—	COM	—	—	—	数据 COM 分配至 Y4
0	1	0	1	—	—	—	—	—	COM	—	—	数据 COM 分配至 Y5
0	1	1	0	—	—	—	—	—	—	COM	—	数据 COM 分配至 Y6
0	1	1	1	—	—	—	—	—	—	—	COM	数据 COM 分配至 Y7
1	X	X	X	—	—	—	—	—	—	—	—	禁止分配

表 1-16　CD4051 作为 8 选 1 数据选择器的逻辑功能

禁止	选择控制			数据输出	说明
INH	C	B	A	COM	
0	0	0	0	COM=Y0	输出 COM 选择数据 Y0
0	0	0	1	COM=Y1	输出 COM 选择数据 Y1
0	0	1	0	COM=Y2	输出 COM 选择数据 Y2
0	0	1	1	COM=Y3	输出 COM 选择数据 Y3
0	1	0	0	COM=Y4	输出 COM 选择数据 Y4
0	1	0	1	COM=Y5	输出 COM 选择数据 Y5
0	1	1	0	COM=Y6	输出 COM 选择数据 Y6
0	1	1	1	COM=Y7	输出 COM 选择数据 Y7
1	X	X	X	COM 与 Y0—Y7 均不连接	禁止选择

实际上双向模拟开关集成电路 CD4051 已是数字与模拟结合的集成电路,不仅可实现数字信号的调制和解调,也可实现模拟信号的调制和解调。类似的双向模拟开关集成电路产品还有许多,都有着广泛的应用。

4. 其他组合逻辑电路

其他组合逻辑电路还有数值比较器、加法器、奇偶校验器等。典型的 4 位二进制数值比较器有 74HC85,超前进位的 4 位加法器有 74HC283,9 位奇偶校验器有 CD74HC280。这些数值比较器、加法器、奇偶校验器都可以进行扩展使用。

有些运算电路如减法运算、乘法运算、除法运算等通常建议采用可编程逻辑器件(如 DSP、FPGA 等)来实现,也可通过微控制器由软件来实现。

1.3.3 常用时序逻辑电路 IC

时序逻辑电路在任一时刻的输出信号不仅与当时的输入信号有关,而且与电路原来的状态有关。也就是说,时序逻辑电路中除了具有逻辑运算功能的组合电路外,还必须有能够记忆电路状态的存储单元或延迟单元。

时序逻辑电路的基本存储单元电路是锁存器和触发器。常见的时序逻辑电路有寄存器。

1. 锁存器和触发器

锁存器和触发器是构成各种时序逻辑电路的基本存储单元电路,其共同特点是都具有 0 和 1 两种稳定状态,一旦状态被确定,就能自行保持,直到有外部触发或时钟信号作用时才有可能改变电路状态。所以锁存器和触发器属于双稳态电路,具有记忆 1 位二进制数据的功能,状态的改变需要有相应的触发信号。

一个锁存器或触发器可以有两个互补的输出状态,记为 Q 和 $\overline{Q}$。状态 1(也称置位状态)时,Q=1,$\overline{Q}$=0;状态 0(也称复位状态)时,Q=0,$\overline{Q}$=1。Q 和 $\overline{Q}$ 同时为 0 或同时为 1,属于非正常状态。

锁存器也可以看成是电平敏感的触发器,按国家标准(GB/T 4728.12—2022)和国际标准(IEC 60617),锁存器和触发器两者在图形符号上没有区分,主要通过控制 C 关联特性来反映这一双稳态电路的触发特性。控制 C 关联端也称门控端(G)、时钟端(CLK、CK)、时钟脉冲端(CP)等。

无控制 C 关联端的触发器主要为异步 RS 触发器,它有两个信号输入端,分别为 R(Reset)和 S(Set)端。异步 RS 触发器可以使用与非门、或非门来构成,或集成在其他的时序电路中,此时的 R、S 端也有用清"0"端(CLR)、预置端(PR)表示。

有控制 C 关联端的触发器主要有电平触发的 D 触发器(也称 D 锁存器,或透明型触发器),脉冲边沿触发的有 D 触发器、JK 触发器、T 触发器(也称翻转触发器或计数触发器)。T 触发器主要存在于计数器等时序电路中,没有独立的芯片。

下面简单介绍双 D 触发器(74LS74)、双 JK 触发器(74LS73)、8 位 D 锁存器(74LS373)和 8 位 D 触发器(74LS273 和 74LS374)。

双 D 触发器 74LS74 的引脚分布如图 1-41 所示,逻辑功能见表 1-17。74LS74 有异步置"1"端($\overline{PRE}$)和异步置"0"端($\overline{CLR}$),时钟 CK 为上升沿触发。异步置"1"和异步置"0"优先于同步时钟触发。如 $\overline{PRE}$ 和 $\overline{CLR}$ 同时为 0,则输出 Q 和 $\overline{Q}$ 同时为"1",为异常状态。

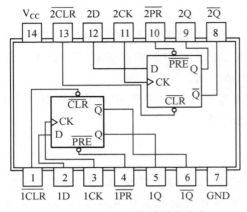

图 1-41　74LS74 的引脚分布

表 1-17　74LS74 的逻辑功能

输入				输出		说明
$\overline{PRE}$	$\overline{CLR}$	CK	D	Q	$\overline{Q}$	
0	1	X	X	1	0	异步置位
1	0	X	X	0	1	异步复位
0	0	X	X	1	1	异常状态
1	1	↑	0	0	1	同步置"0"
1	1	↑	1	1	0	同步置"1"
1	1	0	X	Q0	$\overline{Q0}$	保持不变

　　双 JK 触发器 74LS73 的引脚分布如图 1-42 所示,逻辑功能见表 1-18。74LS73 有异步置"0"端($\overline{CLR}$),时钟 CK 为下降沿触发。异步置"0"优先于同步时钟触发。JK 触发器有四种控制方式:保持(J=0,K=0);同步置"0"(J=0,K=1);同步置"1"(J=1,K=0);翻转(J=1,K=1)。

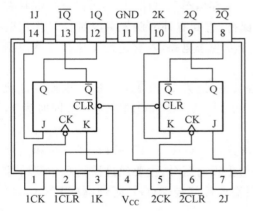

图 1-42　74LS73 的引脚分布

表 1-18　74LS73 的逻辑功能

输入				输出		说明
$\overline{CLR}$	CK	J	K	Q	$\overline{Q}$	
0	X	X	X	0	1	异步复位
1	↓	0	0	Q0	$\overline{Q0}$	保持
1	↓	0	1	0	1	同步置"0"
1	↓	1	0	1	0	同步置"1"
1	↓	1	1	$\overline{Q0}$	Q0	翻转
1	1	X	X	Q0	$\overline{Q0}$	保持

　　8 位 D 锁存器 74LS373 的引脚分布如图 1-43 所示,逻辑功能见表 1-19。74LS373 有共用的输出控制端$\overline{OE}$(OUTPUT CONTROL)和装载控制端 G。当输出控制端$\overline{OE}$=1 时,输出 Q 为高阻状态;当装载控制端 G=1 时,输出 Q=D,相当于输出 Q 与输入 D 直通,故这种电平触发方式有"透明"型锁存器的称呼;当装载控制端 G=0 时,输出 Q 保持不变。另外,74LS373 带有输出驱动器,输出的电流驱动能力比同类芯片要强些。

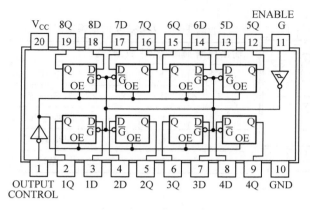

图 1-43　74LS373 的引脚分布

表 1-19　74LS373 的逻辑功能

输出控制	装载控制	数据	输出	说明
$\overline{OE}$	G	D	Q	
0	1	1	1	置"1"
0	1	0	0	置"0"
0	0	X	Q0	保持
1	X	X	Z	高阻输出

8 位 D 触发器 74LS273 的引脚分布如图 1-44 所示,逻辑功能见表 1-20。74LS273 有共用的清"0"控制端 $\overline{CLEAR}$ 和时钟控制端 CLOCK。当清"0"控制端 $\overline{CLEAR}=0$ 时,输出 Q 为 0,实现异步清"0"。当时钟端 CLOCK 为上升沿的瞬间,输出 Q＝D,并保持到下次触发。时钟端 CLOCK 在其他情况下,输出 Q 保持不变。

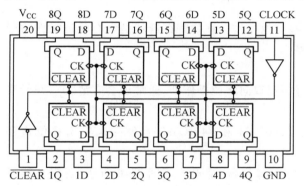

图 1-44　74LS273 的引脚分布

表 1-20　74LS273 的逻辑功能

清"0"控制	时钟控制	数据	输出	说明
$\overline{CLEAR}$	CK	D	Q	
0	X	X	0	异步清"0"
1	↑	0	0	同步置"0"
1	↑	1	1	同步置"1"
1	0	X	Q0	保持

8 位 D 触发器 74LS374 的引脚分布如图 1-45 所示,逻辑功能见表 1-21。74LS374 有共用的输出控制端 $\overline{OE}$(OUTPUT CONTROL)和时钟控制端 CLOCK。当输出控制端 $\overline{OE}$ ＝1 时,输出 Q 为高阻状态。当时钟控制端 CLOCK 为上升沿时,输出 Q＝D;当时钟端 CLOCK 在其他情况下,输出 Q 保持不变。另外,74LS374 带有输出驱动器,输出的电流驱动能力比 74LS273 芯片强许多。

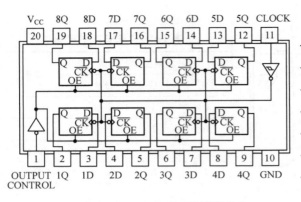

图 1-45　74LS374 的引脚分布

表 1-21　74LS374 的逻辑功能

输出控制	时钟控制	数据	输出	说明
$\overline{OE}$	CK	D	Q	
1	X	X	Z	高阻状态
0	↑	0	0	同步置"0"
0	↑	1	1	同步置"1"
0	0	X	Q0	保持

2. 寄存器

寄存器是数字系统中用来存储代码或数据的逻辑部件。它的主要组成部分是触发器。一个触发器能存储 1 位二进制代码,存储 n 位二进制代码的寄存器需要用 n 个触发器组成。寄存器实际上是若干触发器的集合。前面提到的 8 位 D 触发器 74LS273、74LS374 和 8 位 D 锁存器 74LS373 都可看成寄存器。

寄存器除了寄存数据外,还能进行一些其他操作。移位寄存器就是具有移位操作的寄存器。计数器就是具有计数功能的寄存器。

（1）移位寄存器

移位寄存器除了有普通移位（单向移位）和双向移位操作外,通常还会有清"0"、并行输入、并行输出、保持、锁存等操作。

下面介绍 8 位串入并出移位寄存器 74HC164 和 74HC595、8 位并入串出移位寄存器 74HC165。

8 位串入并出移位寄存器 74HC164 的引脚分布、逻辑图如图 1-46 所示,逻辑功能见表 1-22。其中逻辑图采用国家标准（GB/T4728.12－2022）和国际标准（IEC60617）,该逻辑图能全面反映其逻辑功能。74HC164 的逻辑功能也能描述三个主要操作:寄存器清"0"、串入移位、保持。

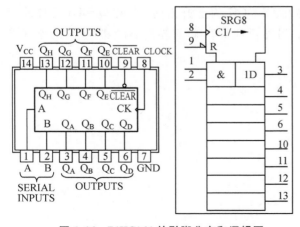

图 1-46　74HC164 的引脚分布和逻辑图

表 1-22　74HC164 的逻辑功能

清"0"控制	时钟	串入		并出	说明
$\overline{CLEAR}$	CK	A	B	$Q_A - Q_B \cdots Q_H$	
0	X	X	X	$0 - 0 - \cdots - 0$	清"0"
1	↑	1	1	$1 - Q_{A0} \cdots - Q_{G0}$	串入移位
1	↑	0	X	$0 - Q_{A0} - \cdots - Q_{G0}$	串入移位
1	↑	X	0	$0 - Q_{A0} - \cdots - Q_{G0}$	串入移位
1	0	X	X	$Q_{A0} - Q_{B0} \cdots - Q_{H0}$	保持

8 位串入并出移位寄存器 74HC595 是在 74HC164 的基础上,增加了数据锁存和三态驱动输出功能。74HC595 的引脚分布和逻辑图如图 1-47 所示,逻辑功能见表 1-23。74HC595 内部有两个寄存器:移位寄存器和存储寄存器。当 74HC595 的 $\overline{G}=1$ 时,输出 $Q_A—Q_H$ 为三态;当 $\overline{G}=0$ 时,内部存储寄存器允许输出到 $Q_A—Q_H$。当 74HC595 的 $\overline{SCLR}=0$ 时,移位寄存器清"0",但不影响内部存储寄存器内容。74HC595 的 SCK 为移位时钟,允许将 SER 数据串入至移位寄存器。74HC595 的 RCK 为内部存储寄存器时钟,其上升沿瞬间可将移位寄存器内容存入内部存储寄存器。

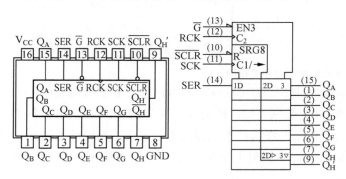

图 1-47　74HC595 的引脚分布和逻辑图

表 1-23　74HC595 的逻辑功能

SCK	$\overline{SCLR}$	RCK	$\overline{G}$	说明
X	X	X	1	禁止输出
X	X	X	0	允许输出
X	0	X	X	移位清"0"
↑	1	X	X	串入 SER
X	1	↑	X	移位寄存器并出
X	X	X	X	存储寄存器保持

8 位并入串出移位寄存器 74HC165 的引脚分布和逻辑图如图 1-48 所示,逻辑功能见表 1-24。74HC165 的逻辑功能描述四个主要操作:并行输入、禁止移位、串入、保持。

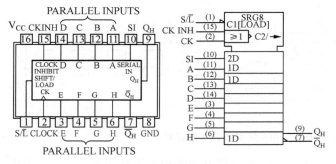

图 1-48　74HC165 的引脚分布和逻辑图

表 1-24　74HC165 的逻辑功能

S/$\overline{L}$	CK INH	CK	$Q_A—Q_G$	Q_H	说明
0	X	X	A—G	H	并行输入
1	1	X	$Q_{An}—Q_{Gn}$	Q_{Hn}	禁止移位
1	0	↑	$SI—Q_{Fn}$	Q_{Gn}	串入
1	0	0	$Q_{An}—Q_{Gn}$	Q_{Hn}	保持

(2)计数器

计数器是具有计数功能的寄存器。计数器的应用范围非常广泛,其既可用于对脉冲信号进行计数,也可用于定时、分频和信号产生等逻辑电路中,是数字电路系统中经常使用的基本电路单元。计数器的种类很多,按其进制不同,可分为二进制计数器、十进制计数器、N 进制计数器;按内部触发器时钟是否相同,可分为异步计数器和同步计数器;按计数方向,可分为加法计数器、减法计数器和加/减法(可逆)计数器。

下面分别就几种常用的集成计数器进行简要介绍。

双 BCD 计数器 74HC4518 和双 4 位二进制计数器 74HC4520 的引脚分布和逻辑图如图 1-49 所示,逻辑功能见表 1-25。74HC4518/CD4518 和 74HC4520/CD4520 的引脚是相同的,前者是双 BCD 计数器,后者是双 4 位二进制,两者的操作主要有清"0"、加法计数和保持。

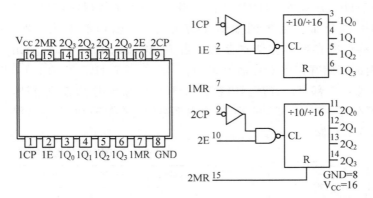

表 1-25 74HC4518、74HC4520 的逻辑功能

MR	CP	E	说明
1	X	X	Q_3—Q_0 清"0"
0	↑	1	加法计数
0	0	↓	加法计数
0	↑	0	Q_3—Q_0 保持
0	1	↓	Q_3—Q_0 保持
0	↓	X	Q_3—Q_0 保持
0	X	↑	Q_3—Q_0 保持

图 1-49 74HC4518、74HC4520 的引脚分布和逻辑图

带振荡电路的 14 级二进制计数器 74HC4060/CD4060 的引脚分布和逻辑图如图 1-50 所示。74HC4060/CD4060 有一个清"0"控制端 CLR(H 电平有效),有三个振荡电路的引出端 CLKI、$\overline{\text{CLKO}}$ 和 CLKO,期间接入定时元件就可形成振荡器,14 级二进制计数器中引出了 4—10 级、12—14 级的输出。通常在 CLKI 和 $\overline{\text{CLKO}}$ 之间接入 32.768 kHz 的晶振,在第 14 级(Q_H)就能输出 2 Hz 的方波。

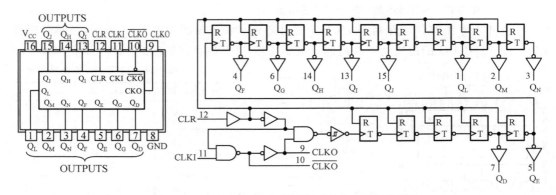

图 1-50 74HC4060/CD4060 的引脚分布和逻辑图

带译码的十进制计数器 74HC4017/CD4017 的引脚分布和逻辑图如图 1-51 所示,逻辑功能见表 1-26。74HC4017 有一个清"0"控制端 CLR(H 电平有效),有两个时钟端 CLK 和 CLKEN 用于计数,有 10 个计数输出 Y0—Y9,还有一个进位输出 CO。当计数清"0"时,Y0=1,其余为 0。当计数输出 n 时,Yn=1,其余为 0。Y0—Y9 始终只有一位为 1,其余为 0。当计数输出大于等于 5 时,进位输出 CO=0;当计数输出 0—4 时,进位 CO 为 1。74HC4017 可以快速构成 N 进制(N<10)计数器。例如,要构成五进制计数器,可以将 Y5 与清"0"控制端 CLR 相连,当计数到 5 时,Y5=1,立即使计数器 CLR 也为 0,计数器立即清"0",即 Y0=1,其余输出(包括 Y5)也为 0,实现了五进制计数或五分频。

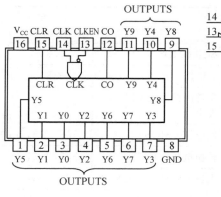

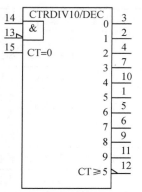

表 1-26　74HC4017/CD4017 的逻辑功能

CLR	CLK	CLKEN	说明
1	X	X	清"0"，Y0=1，Y1—Y9 为 0
0	↑	0	加法计数
0	1	↓	加法计数
0	↑	1	保持
0	0	↓	保持
0	↓	X	保持
0	X	↑	保持

图 1-51　74HC4017/CD4017 的引脚分布和逻辑图

复杂的计数器还有预置功能、加法和减法计数的选择等。这些都可以通过微控制器 MCU 的计数/定时功能来实现。另外，复杂的时序逻辑电路的功能也可用 MCU 来实现，中小规模数字集成电路主要用来实现一些简单的功能。

1.3.4　数字集成电路使用注意事项

数字集成电路根据其制造工艺的不同，可分为双极性集成电路（如 TTL 等）和单极性集成电路（如 CMOS）两大类。随着技术的进步，数字集成电路在速度、功能、性能、抗干扰能力、封装、性价比方面有了极大的提升。作为应用开发工程人员，除了掌握设计分析能力外，还应该了解选型、整合、使用方面的知识。

数字集成电路早期的 TTL 系列产品主要分为 74××（标准型）、74L××（低功耗型）、74H××（高速型）、74S××（肖特基型）、74LS××（低功耗肖特基型）、74AS××（先进肖特基型）和 74ALS××（先进低功耗肖特基型）等。由于 74 系列数字逻辑 IC 使用最为广泛，也成了 TTL 的代名词。

早期的 CMOS 产品系统为 CD4000 和 MC14000 系列。后来考虑到 74 系列 TTL 的产品繁多，从而也产生了许多 74 系列的 CMOS 产品，如 74C××（标准型），74HC××、74HCT××（高速型），74AC××、74ACT××（高性能 CMOS 型），等等，并且不同的新颖产品层出不穷。这些 CMOS 产品的封装引脚与 74 系列兼容，有些逻辑电平也能与 74 系列兼容，并且电源电压范围宽，速度快，功耗低，得到了广泛应用。

1. 系列产品的电源范围

由于数字集成电路系列产品非常之多，需要关注其电源要求及工作速度。常见数字集成电路产品的工作电源范围见表 1-27。

表 1-27　常见数字集成电路产品的工作电源范围

系列	名称	工作电源电压/V	系列	说明	工作电源电压/V
CD4000	CMOS 逻辑	5，10，12—18	AC	先进的 CMOS	3.3，5
TTL	晶体管-晶体管逻辑器件	5	AHC	先进的高速 CMOS	3.3，5

续表

系列	名称	工作电源电压/V	系列	名称	工作电源电压/V
LS	肖特基逻辑器件	5	HC	高速 CMOS	3.3, 5
S	肖特基逻辑器件	5	LV-A	低电压	3.3, 5
ACT	先进的 CMOS	5	ALVT	先进的低电压 CMOS 技术	3.3
AHCT	先进的高速 CMOS	5	LVC	低电压 CMOS	1.8, 3.3, 5
ALS	肖特基逻辑器件	5	TVC	转换电压箝位	1.8, 3.3, 5
AS	肖特基逻辑器件	5	AUC	先进的超低电压 CMOS	0.8, 1.8, 2.5
F	快速逻辑器件	5	AUP	先进的超低功耗	0.8, 1.8, 3.3
FCT	晶体管-晶体管逻辑器件	5	ALVC	先进的低电压	1.8, 3.3
HCT	高速 CMOS	5	AVC	先进的非常低电压	1.8, 3.3
ABT	先进的 BiCMOS 技术	5			

2. 系列产品的逻辑电平

由于系列产品非常之多,需要关注电源要求和相互连接时的逻辑电平匹配关系。常见数字集成电路产品的逻辑电平关系如图 1-52 所示。其中,V_{IL} 为输入低电平电压,V_{IH} 为输入高电平电压,V_{OL} 为输出低电平电压,V_{OH} 为输出高电平电压,V_t 为近似的开关中心电平。

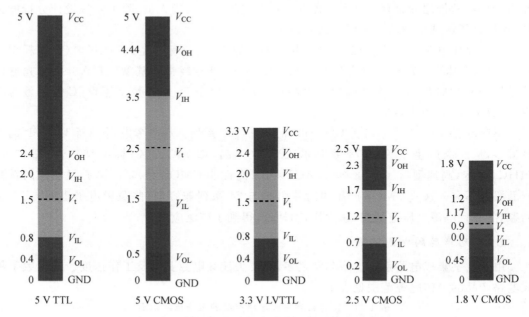

图 1-52 常见数字集成电路产品的逻辑电平关系

常见数字集成电路产品的逻辑电平关系可参见参考文献:Texas Instruments Incorporated. Logic Guide 2017[EB/OL]. (2017-06-13)[2020-02-10]. https://www.ti.com/lit/sg/sdyu001ab/sdyu001ab.pdf.

相同系列的产品在相同工作电压下都能相互连接,但不同系列产品相互连接需要满足 V_{OH} 高于 V_{IH} 和 V_{OL} 低于 V_{IL} 这两个条件。不同逻辑电平关系下的相互连接许可见表1-28。

表 1-28　不同逻辑电平关系下的相互连接许可

驱动端	接收端				
	5 V TTL	5 V CMOS	3 V LVTTL	2.5 V CMOS	1.8 V CMOS
5 V TTL	是	否	是*	是*	是*
5 V CMOS	是	是	是*	是*	是*
3 V LVTTL	是	否	是	是*	是*
2.5 V CMOS	是	否	是	是*	是*
1.8 V CMOS	否	否	否	否	是*

注:"是*"表示需要 V_{IL} 有相应的容限。

3. 系列产品的工作速度

在许多场合,数字集成电路的工作速度非常重要,在选型时也需要重点关注。数字集成电路的工作速度不仅与系列产品有关,还与电源电压有关。例如,某些 CMOS 产品的典型传播延迟时间与工作电压的关系如图 1-53 所示。具体集成电路的性能参数需要查阅厂商的产品手册。

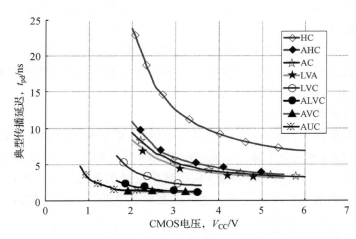

图 1-53　某些 CMOS 产品的典型传播延迟时间与工作电压的关系

4. TTL 数字集成电路使用注意事项

(1) 电源的处理

电压允许的变化范围比较窄,只允许有 0.5 V 的被动,即在 4.5—5.5 V 范围内均可正常工作;否则可能不能正常工作或损坏器件。除此以外,在使用时特别注意不能将电源的正负极接反。另外,由于 TTL 器件的高速转换会产生电流跳变,易引起噪声干扰,为了减少干扰,一般在电源正端和地之间并联两个不同大小的滤波电容(一般选取 100 μF 和 0.1 μF)。

（2）多余输入端的处理

对于与门、与非门逻辑关系的器件，虽然悬空相当于高电平，并不影响"与门""与非门"的逻辑关系，但因悬空时对地呈现的阻抗很高，容易受到外界干扰，又会造成电路误动作，因此可以将这些引脚接电源 V_{CC} 或串联一只 1—2 kΩ 电阻后与电源 V_{CC} 连接来获得高电平输入，或者将多余的输入端并联使用。值得注意的是，并联使用会导致从信号端获取的电流增加。

对于或门、或非门的多余输入端，则更不能悬空，只能接地，否则将影响器件的逻辑关系。

因此，对于 TTL 门电路器件而言，多余的输入端不能悬空，需要根据器件的功能做适当处理，以免影响器件的正常使用。

（3）输出端的处理

除三态（TS）门、集电极开路（OC）门电路外，其他门电路的输出端不允许并联使用，否则会引起逻辑混乱或损坏器件。

另外，集成门电路的输出端一般不允许直接连接电源或地，否则会造成器件损坏。

5. CMOS 数字集成电路使用注意事项

CMOS 数字集成电路具有一系列的优点，如功耗低，噪声容限大，抗干扰能力强，输入阻抗高，价格低，易于大规模集成，等等。它已经成为数字逻辑器件中发展最快、应用最多的品种之一。对于 CMOS 数字集成电路的使用而言，需要注意以下几点：

（1）电源的处理

电源电压 V_{DD} 不能接反。V_{DD} 接电源正极，V_{SS} 接电源负极（通常接地）。选择电源电压时要考虑避免超过极限电压。同时，电源电压的高低会影响门电路噪声容限的大小，提高电源电压，可以提高电路系统的抗干扰能力。

（2）输入端的处理

输入端的信号电压 V_I 应在 $V_{SS} \leqslant V_I \leqslant V_{DD}$ 范围内，超出此范围会造成器件损坏。为了防止输入过流，一般在输入端串接一个限流电阻（10—100 kΩ）。对于多余的输入端不能悬空，一旦悬空，极易受到外界噪声的干扰，从而破坏电路正常的逻辑关系，应根据实际要求直接接 V_{DD} 或 V_{SS}（由器件的功能决定），这一点类似于 TTL 器件。同时，多余的输入端最好不要并联使用，以免降低速度和容限。

（3）输出端的处理

输出端不允许直接接电源或接地；输出端不可以直接连在一起使用；应尽量减少电容负载，以免影响工作速度。

（4）静电防护

目前 CMOS 芯片内部的静电防护措施做得比较好，使用要求已降低许多，但仍需要关注以下几点：

① 在储存和运输 CMOS 器件时不要使用易产生静电高压的化工材料和化纤织物包装，最好采用金属屏蔽层做包装材料。

② 组装、调试时，应使电烙铁和其他工具、仪表、工作台台面等良好接地。操作人员的服装和手套等应选用无静电的原料制作，必要时可以拔下烙铁电源，利用余热焊接。

③ 焊接 PCB 板时,CMOS 电路应在最后安装。安装完毕,应存放于屏蔽的导电盒内。

④ 由于 CMOS 电路为高阻抗器件,故应尽量避免在高温、高湿、粉尘等条件下使用,以免造成器件损坏。

6. 干扰的抑制

在传输数字信号的动态过程中,常常会因为电路传输时间的变化,数字逻辑电路出现不合逻辑的尖峰脉冲,对电路产生各种干扰。这种因电路传输参数等引起的干扰称为过度干扰,或称竞争冒险现象。

(1) 过度干扰产生的原因

① 信号传输延迟。任何器件都有响应时间,同一信号经不同的路径传输时会因传输时间不同而产生过度干扰,这是过度干扰产生的常见现象。

② 信号输入时间先后不同。在同一级电路中,如果有多个输入信号,这些信号输入时间先后不同,也会引起过度干扰。另外,在含有异步计数器的时序逻辑电路中,如果输入信号和时钟信号同时改变,而且是通过不同路径到达同一触发器,也有可能导致过度干扰,引起误动作。

(2) 抑制过度干扰的方法

对于传输延迟引起的过度干扰的抑制,可以通过两种方式进行:一是设法防止产生这种干扰;二是当产生了这种干扰时应该及时抑制,不让其传送到下一级电路中。具体可采用如下方式:

a. 在设计电路时,对那些传输时间差别比较大的器件不要混合使用,即便是同种型号的电路,如是两家厂商制造的,也要十分注意其性能差异是否太大。

b. 在情况允许的时候,可以通过修改逻辑设计来实现。其主要方法是令逻辑函数由全部的主要项构成,而不是最简式。例如,假设某一数字电路的逻辑表达式为

$$Y = AB + \overline{A}C \tag{1-13}$$

当有两个或两个以上的输入信号发生变化时,由于经历的路径不同,或者有一个或多个信号发生变化时,由于门电路的传输延迟不同,会造成过度干扰的产生。消除此类过度干扰可以采用增加多余项的方法。如令

$$Y = AB + \overline{A}C + BC \tag{1-14}$$

式中,BC 是 Y 的多余项。二者在逻辑功能上完全一致,但是增加多余项后,可以避免出现过度干扰。必须注意,增加的多余项不能改变电路原来的逻辑关系。

c. 人为地在电路中增加一些电路或延迟元件,使两路信号因延迟时间相差不大得以平衡,也可以消除过度干扰。

此外,对于已经产生过度干扰的电路,可以在输出端对地接旁路电容来抑制脉冲较窄的干扰脉冲。旁路电容的容量不能太大,否则会影响正常信号。对于脉冲非常窄的过度干扰,有时只要通过反相器或缓冲器就可以自行消除,尤其是对 CMOS 电路,其反相器或缓冲器的输入门电容约 5—10 pF,可以有效地吸收这种过度干扰脉冲。

对于由于信号输入时间先后不同而引起的过度干扰,可以通过增设选通脉冲或者改进电路中计数器的计数方式进行抑制。特别是在加入选通脉冲后,可以在电路充分稳定状态

下由选通脉冲开通译码器的输入信号,从而避免输入时间先后所产生的过度干扰。改进计数器的方式也有多种,例如:

a. 采用环形计数器。环形计数器只有一个触发器在翻转,就可以避免产生过度干扰。

b. 采用同步计数器。同步计数器在输入计数脉冲时,可使所有应翻转的触发器同时翻转,译码器的输入可以同时到达,从而也可避免过度干扰。

7. 集成电路的封装

在设计、采购和维修过程中,还需要关注集成电路的封装有安装工艺要求。封装不匹配会造成许多意想不到的问题。常见数字集成电路的封装如表 1-29 所示。小批量产品可使用直插式封装(如 PDIP),成批量产品建议使用贴片封装(SOIC、SOP、SSOP、QSOP),另外,还要考虑厂家的供货量。

表 1-29　常见数字集成电路的封装

引脚数	PDIP	SOIC	SOP	SSOP	QSOP
8					
14					
16					
18					
20					

第2章

电源电路设计

 线性稳压电源

2.1.1 三端集成稳压器

三端集成稳压器把调整管、误差比较放大器、基准电压源等单元全部集成在同一硅片中,只引出电源输入、电源输出、接地(或电压调整)三只引脚,具有体积小、可靠性高、使用灵活、价格低廉等优点,广泛用于各类小功率电源电路。

1. 电压固定

LM78××输出固定的正电压值,LM79××输出固定的负电压值。输出的电压规格主要包括 5 V、6 V、8 V、9 V、10 V、12 V、15 V、18 V、24 V。如果配合散热片进行有效散热,三端集成稳压器的最大输出电流可达 1.5 A 左右,同类型 78M 系列稳压器的输出电流为 0.5 A,78L 系列稳压器的输出电流为 0.1 A。固定电压输出的三端集成稳压器的基本应用电路如图 2-1 所示。

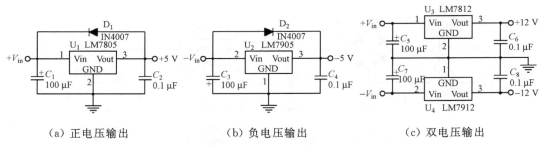

（a）正电压输出　　　　　　（b）负电压输出　　　　　　（c）双电压输出

图 2-1　固定电压输出的三端集成稳压器的基本应用电路

注意:一般在使用集成稳压器时,其输入电压 V_{in} 应比输出电压 V_o 高出 3 V 左右,即要求:$V_{in} \geqslant V_o + 3$ V,以保证稳压器内部调整管工作在放大区。但若输入/输出压差较大时,又会增加集成块的功耗。因此,需要综合考虑两者,即既保证在最大负载电流时调整管不进入饱和状态,又不至使功耗偏大。

2. 电压可调

固定电压输出的三端集成稳压器在调节输出电压时比较麻烦,如果需要一些比较特殊的电源电压,可采用三端可调集成稳压芯片,通过外接电阻或电位器调整输出电压,以适应不同场合的应用需要。

LM317 是一款使用广泛的输出正极性电压的三端电压可调集成稳压芯片,LM337 则是输出负极性电压的三端电压可调集成稳压芯片。LM317 的输入电压一般可达 40 V,输出电压范围为 1.2—37 V,其典型工作电路如图 2-2 所示。

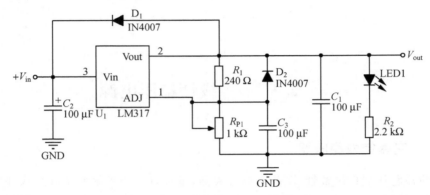

图 2-2　LM317 的典型工作电路

D_1、D_2 均是用于保护 LM317 的二极管。通过调节电位器 R_{P1} 的阻值,即可调整该电源电路的输出电压 V_{out}。其中,该电路输出电压 V_{out} 可由式(2-1)进行计算:

$$V_{out} = \left(1 + \frac{R_{P1}}{R_1}\right) \times 1.25 \text{ V} \tag{2-1}$$

3. 应用案例

如图 2-3 所示是采用三端集成稳压器 LM7805 的单电源输出串联型稳压电源电路,其输入为 220 V 交流电压,输出为 +5 V 直流电压。

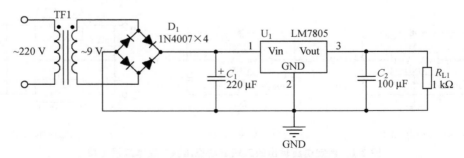

图 2-3　采用 LM7805 的单电源输出串联型稳压电源电路

该电路由四部分组成:变压器、整流、滤波和稳压电路。工频变压器 TF1 实现交流高压(220 V AC)的隔离转换,输出 9 V 左右的交流电压作为桥式整流器的输入,经过桥式整流实现交流—直流变换后,得到脉动的直流电压,再经过电容 C_1 的滤波,得到波纹较小的直流电压作为集成稳压器 LM7805 的输入,然后由 LM7805 输出较为稳定的 +5 V 直流电压,该电压再经电容 C_2 滤波后,得到稳定的＋5 V 直流电压,供后级负载电路使用。

该电路中滤波电容 C_1 和 C_2 一般选取几百至几千微法。一般地,整流桥输出端的滤波电容值略大,或者取两只滤波电容等值。此外,为滤除输出端的高频信号,改善电路的暂态响应,滤波电容 C_2 两端可并联一个 $0.1\ \mu\text{F}$ 的小电容;当稳压器距离整流滤波电路较远时,在输入端须再并接一电容(通常取 $0.33\ \mu\text{F}$),以抵消线路的电感效应,防止线路产生自激振荡。

2.1.2　LDO 低压差线性稳压器

无论是电压固定的三端集成稳压器还是电压可调的三端集成稳压器,输入电压均要超过输出电压一定的幅度,在当前日趋降低电路功耗的趋势下,这种稳定器已经变得不合时宜。因此,LDO(low dropout linear regulator,低压差线性稳压器)开始得到广泛应用,并逐步替换原有的线性集成稳压器。

相较于三端集成稳压器,LDO 具有封装尺寸小、噪声低、静态电流小和输出电压纹波小等突出优点。因此,其广泛应用于输出电流不是很大(3 A 以内),且输入/输出压差也不大(如 5 V 转 3.3 V、3.3 V 转 2.5 V 等)的应用场合。

1. TPS763××

德州仪器（TI）公司推出的 TPS763×× 系列（TPS76316、TPS76318、TPS76325、TPS76328、TPS76330、TPS76333、TPS76338、TPS76350 等）芯片是 150 mA 输出的低功耗、低压差线性稳压器,使用 PMOS 工艺,压差非常低,典型值为 300 mV/150 mA。而且在整个负载电流(0—150 mA)范围内,其静态电流最大值仅为 140 μA。凭借其低压差和低功耗的特性,可极大地延长系统电池的使用寿命,故非常适用于手机、笔记本电脑等便携式系统的供电电路设计。

TPS763×× 系列芯片采用小体积的 SOT-23 封装,工作温度范围为 －45—＋125℃,其典型应用电路如图 2-4 所示。

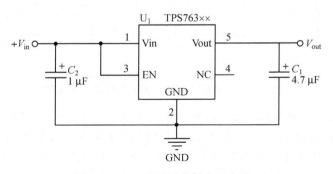

图 2-4　TPS763××典型应用电路

2. TPS73××

TPS73×× 系列（TPS7301、TPS7325、TPS7330、TPS7333、TPS7348、TPS7350 等）是一款低压差串联型降压稳压芯片,可以提供 500 mA 的稳压电流。使用 PMOS 工艺,在输出 100 mA 电流的情况下,输入/输出压差最多不超过 35 mV,这可以极大地提高稳压电源效率,其典型应用电路如图 2-5 所示。

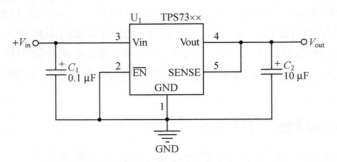

图 2-5　TPS73××典型应用电路

除了主要提供电源稳压功能之外,芯片内部集成了电压检测模块,当输出电压欠压时,可以输出低电平 RESET 信号,为供电的微控制器、处理器提供复位功能。

同时,TPS73××系列内部还集成了反向保护二极管,当输入电压小于输出电压时,输出电压会通过反向保护二极管流向输入端,以保护内部电路的安全,从而节省外部保护电路设计工作量。

3. 应用案例

如图 2-6 所示为采用低压差线性稳压器 AMS1117 设计的电源转换电路,其输入为 +5 V 直流电压,输出为 +3.3 V 直流电压。

外部 +5 V 直流电压作为电路输入,连接至 AMS1117 的电压输入端,同时在芯片输入端和地及输出端和地之间各配置 1 个 10 μF 左右的小电容,芯片即可正常工作,以实现电压转换,并为后级负载电路提供稳定的 +3.3 V 直流电压。

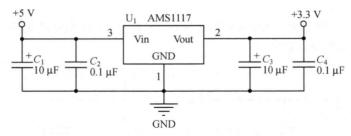

图 2-6　由 AMS1117 构成的 5 V 转 3.3 V 电路

AMS1117 是一款应用较广泛的正极性电压 LDO 稳压芯片,多采用贴片封装,具有体积小巧、价格低廉、自身功耗较低等优点。AMS1117 含有两个版本:固定电压输出型、可调电压输出型。其中固定电压输出型有 1.2 V、1.5 V、1.8 V、2.5 V、2.85 V、3.0 V、3.3 V、5.0 V 等多种低电压输出参数。

当输入电压比输出电压高 1 V 左右时,AMS1117 即可稳定地工作。当输出电压较低时,AMS1117 的输出电流可达 1 A,被广泛用于各类 USB(+5 V)供电的单片机电路中。

2.2　开关稳压电源

2.2.1　降压型 BUCK 电路

对于降压供电应用而言,前面介绍的 LM78××、LM317 三端集成稳压器可实现这一功能,但由线性稳压电源的工作原理可知,其输出电流不会超过输入电流,因而转换效率较低。为了提高电源电路的工作效率,可以采用开关稳压电路。其中降压型 BUCK 电路的输出电压小于输入电压。

1. BUCK 电路拓扑结构

典型的 BUCK 电路拓扑结构如图 2-7 所示。

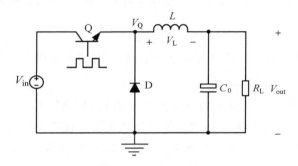

图 2-7　BUCK 电路拓扑结构

这是一种输出电压幅值始终小于输入电压幅值的非隔离式开关稳压电路,其输出电流可以超过输入电流,转换效率高达 90% 以上。但需要注意,降压变换器只能降压,而不改变输入/输出电压极性。其工作原理为:当开关导通时,能量从输入直流电源经开关传输给电感 L,使电感线圈被励磁,同时有一部分能量直接传递到输出端,向负载 R_L 供电;当开关断开时,输入直流电源不再向输出端提供能量,但由于二极管 D 的存在,电感 L 存储的能量经负载 R_L、D 形成电流回路而被释放,使电感线圈消磁。经上述能量转换过程,负载 R_L 两端在整个周期内均能得到"上＋下－"的直流电压。

2. LM2596

UC3843、TL494 等通用型开关稳压器件都可以实现 BUCK 电路的功能,但外围元器件的数量较多,电路设计与调试的工作量大。而 LM2596 是一款集成度高、外围元器件数量很少的降压型集成开关稳压器,在实际的降压型电源电路中应用广泛。

LM2596 具有 3.3 V、5 V、12 V 及可调电压输出(ADJ)等不同版本,输入电压可达 40 V,且其内部集成频率补偿及一个固定频率(150 kHz)振荡器,仅需少量外部器件,即可实现稳压输出。LM2596 采用直插式 TO-220 或贴片式 TO-263 两种封装形式,输出电流可达 3 A,其典型工作电路如图 2-8 所示。

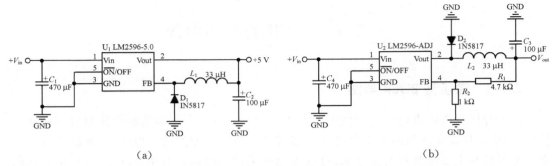

（a）   （b）

图 2-8   LM2596 典型工作电路

如图 2-8(a)所示，选用固定电压的 LM2596 进行电源设计时，仅需 4 个外围元器件。其中，D_1 为续流二极管，L_1 为储能电感，C_1、C_2 为储能及滤波电容。如图 2-8(b)所示，选用可调电压的 LM2596 进行电源设计时，可通过电阻 R_1、R_2 对输出电压进行设置：

$$V_{out} = \left(1 + \frac{R_1}{R_2}\right) \times V_{ref} \tag{2-2}$$

式中，V_{ref} 约为 1.23 V。若希望得到可调整的输出电压，可将电阻 R_1 替换为电位器。

3. 应用案例

如图 2-9 所示为采用固定电压的降压型开关稳压器 LM2596-5.0 设计的电源转换电路，其输入为 7—40 V 直流电压，输出为 +5 V 直流电压。固定电压的 LM2596-5.0 在芯片内部已包含式(2-2)中的 R_1 和 R_2，R_1 和 R_2 分别为 2.5 kΩ 和 7.6 kΩ。

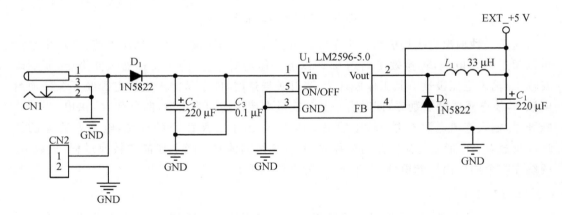

图 2-9   基于 LM2596-5.0 设计的电源转换电路

外部直流电压(7—40 V)经电源插座 CN1 或接线端子 CN2 输入，经二极管 D_1、滤波电容 C_2 和 C_3 后连接至 LM2596-5.0 的电压输入端，同时在芯片输出端和反馈输入端配置相应的储能电感 L_1、续流二极管 D_2 和储能电容 C_1 后，芯片即可正常工作，以实现电压转换，并为后级负载电路提供稳定的 +5 V 直流电压。其中，二极管 D_1 用于防止电源反接。

2.2.2 升压型 BOOST 电路

1. BOOST 电路拓扑结构

对于输入电源电压比输出电压低的应用场合,如采用单体 18650 锂电池(标称电压为 3.7 V)供电的便携式设备,如果电路系统中需要使用 5 V、9 V、12 V 等较高的电源电压,就要求将输入电源电压经 BOOST 升压电路后,提升为较高的电压输出,为系统供电。需要注意,BOOST 电路只能升压,即输出电压幅值始终大于输入电压幅值,但其输出电压与输入电压的极性保持一致。BOOST 电路的典型拓扑结构如图 2-10 所示,其工作原理为:当开关导通时,能量从输入直流电源经开关传输给电感 L,使电感线圈被励磁,此时没有能量传递到输出端;当开关断开时,二极管 D_1 导通,电感储能经二极管 D_1 传递到输出端,为负载 R_L 供电。由于电感 L 的反向电动势方向为"左-右+",因而此时加至二极管 D_1 阳极的实际电压为输入电压 V_{in} 和电感 L 的反向电动势 V_L 之和,显然超过输入电压 V_{in},从而实现升压。

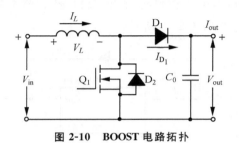

图 2-10 BOOST 电路拓扑

2. LM2577

LM2577 是德州仪器(TI)公司推出的一款升压集成芯片,可将低至 3.5 V 的直流电压升至较高电压输出,并能提供近 3 A 的最大输出电流。芯片内置一个 3.0 A NPN 开关及其相关的保护电路,还包括一个 52 kHz 固定频率振荡器。因此,仅需少量的外部元件即可构建 BOOST 升压电路,实现稳压输出。该芯片采用直插式 TO-220、PDIP 或贴片式 TO-263 等多种封装形式,具有 12 V、15 V 和可调电压输出三种不同版本,其典型工作电路如图 2-11 所示。

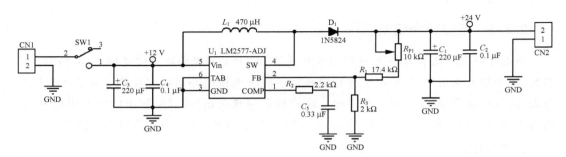

图 2-11 LM2577 典型工作电路

选用可调输出电压的 LM2577 进行 BOOST 升压电路设计时,可通过电阻 R_1、R_3 对输出电压进行设置:

$$V_{out} = \left(1 + \frac{R_1}{R_3}\right) \times V_{ref} \tag{2-3}$$

式中,V_{ref} 约为 1.23 V。若希望得到较为准确的输出电压,可在电阻 R_1 与输出端之间串联一电位器。此时式(2-3)中的 R_1 应为图 2-11 中的 $R_1 + R_{P1}$。

3. BL8530

对于 LED 手电筒、电子血压计、电动剃须刀等小型消费类电子产品而言,其功率一般不高,且受形状及体积的限制,多采用电压较低(如 3.2 V、3.7 V)的单体锂电池供电。对于该应用场合而言,小功率的升压控制器就显得尤为重要。

BL8530 是上海贝岭股份有限公司研发的一款基于脉冲频率调制(PFM)的小功率升压芯片,与国外类似产品相比,具有价格便宜、性价比高的特点。该芯片能够在低至 0.8 V 的直流电压下启动工作,在输入电压为 1.8 V 的情况下,可为 3.3 V 输出电压提供最大 200 mA 的输出电流。

该芯片采用贴片式 SOT-89-3、SOT-23-3 和 SOT-23-5 等多种封装形式,可有效减小 PCB 板面积,其典型工作电路如图 2-12 所示。

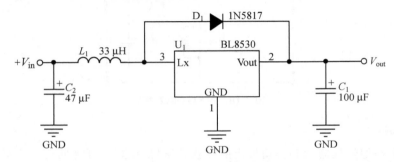

图 2-12 BL8530 典型工作电路

BL8530 的外围元器件仅有电容、电感和肖特基二极管。其中,输出滤波电容 C_1 建议选用钽电容或固态铝电解电容,以降低输出波纹。需要注意的是,BL8530 为固定输出电压(2.5—6.0 V 范围内 0.1 V 步进),当需要一些非标准的电压输出时,可以通过适当增加外围电路来达到目的。

2.2.3 电源转换电路

前面介绍的降压型 BUCK 转换器和升压型 BOOST 转换器均不改变输入/输出电压的极性,即若输入为正电压,输出也为正电压。但对于模拟电路系统中集成运算放大器的供电而言,其通常采用正/负双电源供电。除直接采用具有正/负双路输出的电源供电外,也可将正电压转变为负电压,得到"单入-双出"的双电源输出,从而为运算放大器供电。

1. TPS60400

如果负电源需要的工作电流较小(<10 mA),可采用如图 2-13 所示的电荷泵式负压转换电路。其中,TPS60400 是德州仪器(TI)公司推出的一款具有可变开关频率的电荷泵芯片。该芯片在 1.6—5.5 V 供电电压下均可正常工作,并可提供 60 mA 的最大输出电流,

典型转换效率超过 90%,特别适用于低压、高速型集成运放的正/负双电源供电。此外,其仅需 3 个 1 μF 的电容器,即可构建完整的负压转换电路,使用便利且成本低廉。

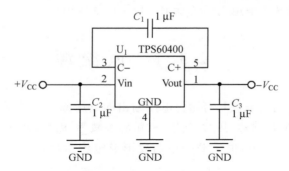

图 2-13　TPS60400 应用电路

2. MC34063

如果负电源需要的工作电流较大($\geqslant$10 mA),可采用如图 2-14 所示的 DC-DC 转换电路。其中采用的 MC34063 是一种单片双极性集成电路,专用于 DC-DC 变换器的控制部分。该芯片内置一个温度补偿带隙基准源、一个占空比周期控制振荡器、驱动器和大电流输出开关,在 3.0—40 V 输入电压下均可正常工作,并能输出高达 1.5 A 的开关电流。

同时,在使用少量外接元件的情况下,即可构成升压型 BOOST 变换器、降压型 BUCK 变换器和负电源转换器。当作为负电源转换器使用时,其具有输出电流大、成本低和效率较高的特点,故特别适用于对负电源功率要求较大、体积要求较小的供电系统。

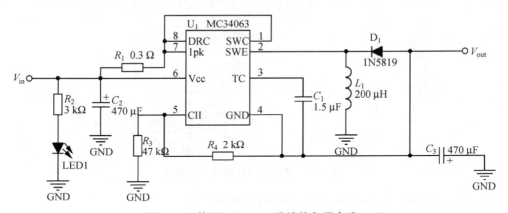

图 2-14　基于 MC34063 设计的负压电路

此外,对于一些需要正、负双电源供电,且要求外部供电电源与输入电源相隔离的分布式电源系统而言,为减少设计故障点,节省电源系统开发的人力、物力和时间成本,同时保证电源电路的稳定性和可靠性,也可采用 DC-DC 模块电源。典型的如广州金升阳科技有限公司的 WRA××××S-3WR2 系列产品。

该系列产品是具备输入电压范围宽、正负双路/单路电压输出的隔离 DC-DC 电源模块。以 WRA1215S-3WR2 型号为例,其额定输入电压为+12 V,但在+9—+18 V 输入电压范围内均可正常工作。同时,其提供±15 V 双路电压输出,输出电流最大可达

100 mA。此外,该产品采用较小体积的塑料引脚封装 SIP-8,具备较高的转换效率,并且具有远程遥控和可持续短路保护功能。凭借较小的尺寸和优良的成本设计,使得该模块电源在通信设备、仪器仪表和工业电子等场景中获得了广泛应用。

2.3　恒　流　源

电路系统供电时,通常采用具有稳恒电压输出的电压源。但对于发光二极管 LED、蓄电池充电及各类物性型传感器(热敏、光敏、磁敏和湿敏等)而言,常需要具有稳恒电流输出的恒流源供电。具体设计中,恒流源一般需要形成电流负反馈,在集成电路中比较容易实现。

2.3.1　精密小电流恒流源

对于小电流(小于 10 mA)恒流源而言,既可以采用运算放大器实现,也可以使用分立的多个三极管实现。图 2-15 所示为一种常用的恒流电路。

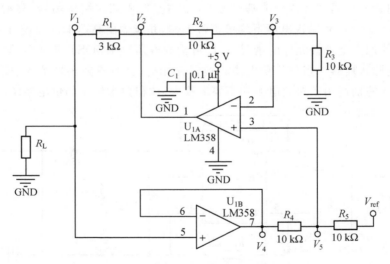

图 2-15　双运放组成的恒流源电路

U_{1A}、U_{1B} 为集成运算放大器,其恒流原理简述如下:

U_{1B} 构成电压跟随器,故有 $V_1 = V_4$;对于运放 U_{1A} 而言,根据集成运算放大器的"虚短"特性,有 $V_3 = V_5$,而

$$V_5 = (V_{ref} - V_4) \times \frac{R_4}{R_4 + R_5} + V_4 \tag{2-4}$$

$$V_3 = (V_2 - 0) \times \frac{R_3}{R_2 + R_3} \tag{2-5}$$

组合计算可得:$V_2 - V_1 = V_{ref}$。因此,当参考电压 V_{ref} 固定时,电阻 R_1 两端的电压也随之确定,从而使得流经电阻 R_1 的电流保持恒定。负载 R_L 中的电流与流经电阻 R_1 的电流基本相同(运放 U_{1B} 的输入端电流几乎为 0)。通过调整电阻 R_1 的阻值或参考电压,即可设

计出其他电流值的恒流源。需要注意的是,为保证恒流精度,电路中电阻 R_2、R_3、R_4 和 R_5 均需采用高精度电阻,且阻值大小保持一致。

恒流和恒压的关系十分密切,两者相辅相成并可相互转化。用恒定电流通过一组精密电阻器可获得一系列稳定的基准电压,特别是可得到一般情况下难以获得的低电压基准;用恒流源和稳压管组成的简单稳压器,其稳压性能也将大为改善。图 2-16 所示为利用精密电压基准 REF3025 和低噪声精密运放 OPA111 组成的精密恒流源电路。

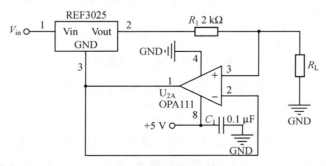

图 2-16　精密恒流源电路

运放接成电压跟随器,保证运放同向输入端与精密电压基准 REF3025 的 6 脚之间为 2.5 V 电压基准,则输出电流(R_L 中的电流)$I_o = 2.5 \text{ V}/R_1$。其中,电阻 R_1 应不小于 1 kΩ。同理,若将电阻 R_1 替换为电位器,则可组成可调电流源。

2.3.2　大功率 LED 恒流驱动

发光二极管 LED 是利用半导体 PN 结或类似结构把电能转换成光能的器件,具有效率高、功耗低、电压驱动低、使用寿命长等诸多优点,已在众多应用领域得到了广泛应用。例如,家用照明、城市景观照明及各类消费电子产品——手机、液晶电视的背光光源等。

对于 LED 而言,其发光亮度与流经 LED 的正向电流大小基本上成正比关系。因此,LED 应用的关键技术之一即是提供与其特性相适应的电源或驱动电路。由于 LED 具有负温度系数特性,当工作温度升高时其 PN 结间电阻会减小,导通电压也随之减小。若采用恒压电源供电,在同样电压的情况下,其工作电流就会增大,而工作电流增大又反过来继续促使其温度升高,这种恶性循环最终会导致电源达到限值或 LED 失效,故发光二极管 LED 一般采用恒流源驱动。LED 采用恒流源驱动的另一好处是可以方便地串联驱动可变的多个 LED。

LM3402 是德州仪器(TI)公司研发的一种单片式开关稳压器,旨在为大功率 LED 提供恒定电流。芯片输入电压范围为 6—42 V,输出电流可达 500 mA(典型值),且内置一个高端 N 沟道 MOS 管开关,最多可驱动 5 颗高亮度 LED。此外,其可通过脉宽调制(PWM)进行 LED 调光,并具备 LED 断开保护、热保护等功能,线路简洁实用、性价比高,是室内照明、工业照明和车载照明应用的理想选择,其应用电路如图 2-17 所示。

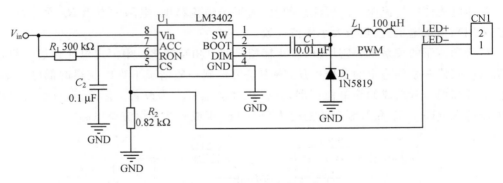

图 2-17　LM3402 应用电路

图中，R_2 为电流设定电阻，输出平均电流 I_F 可由下式计算：

$$I_F \approx \frac{0.2\ \text{V}}{R_2} \tag{2-6}$$

电阻 R_1 的取值与发光二极管串中的 LED 数量有关，5 个以上 LED 时可取值 300 kΩ。芯片 3 脚 DIM 端为调光引脚，当 DIM 端为高电平（＞2.2 V）时，LM3402 会输出稳定的电流；当 DIM 端为低电平（＜0.8 V）时，禁止任何电流输出。因此，只需要在 LM3402 的 DIM 端输入 PWM 信号，即可对 LED 阵列进行调光。

2.4　充电技术

对于各种消费类电子产品而言，如电动车、平板电脑、智能手机、手环和遥控器等，为保证无外部电源情况下产品能正常使用，其内部均配套有相应的辅助电源（蓄电池、纽扣电池、锂电池等）。辅助电源（电池）的容量和使用寿命直接影响着产品的使用体验和竞争力。因此，在保证辅助电源（电池）容量和使用寿命的前提下，如何尽可能压缩充电时间，改善充电体验，以提高辅助电源（电池）供电下产品的使用时间，成为当前研究的重点，各类新型、智能充电技术也应运而生。

2.4.1　智能充电

统计数据显示，2019 年国内电动自行车年产量为 3 609.3 万辆，保有量接近 3 亿辆，与之配套的充电器年产量也接近 1 亿个。当前由于电动自行车充电引发的自燃甚至火灾事故屡见不鲜，电动自行车的充电安全成为全社会广泛关注的问题。因此，本节主要以电动自行车使用的铅酸蓄电池为例，对相关的充电方法和智能充电技术进行简要介绍。

目前，对于铅酸蓄电池充电而言，其充电技术主要有恒压（CV）充电、恒流（CI）充电、恒流恒压（CICV）充电、恒流恒压恒压（CICVCV）充电和间歇（IC）充电。其中，恒压充电和恒流恒压充电技术都是传统的充电方法，而恒流恒压恒压充电是恒流恒压充电的修订版，也是当前市场上普遍使用的充电技术。间歇充电是一个选择性电压和电流的充电技术，通过延长充电时间，从而保护电池，延长电池的使用寿命。下面主要对恒流恒压恒压充电和间歇充电技术进行介绍。

1. 恒流恒压恒压充电技术

恒流恒压恒压充电技术（三段式充电方法）包括恒流模式、高的恒压模式、低的恒压模式。第一阶段叫恒流阶段，第二阶段叫恒压阶段，第三阶段叫涓流阶段。第二阶段和第三阶段的相互转换是由充电电流决定的，大于某电流进入第二阶段，小于某电流进入第三阶段。这个电流叫转换电流，也叫转折电流，具体如图 2-18 所示。

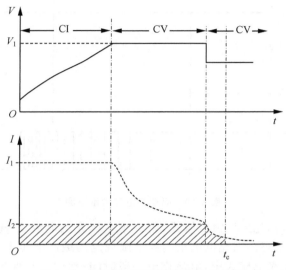

图 2-18　恒流恒压恒压充电技术示意图

充电循环开始时，首先采用恒流模式，用一个主体充电电流 I_1 给电池充电，直到充电电压达到一个高的额定电压 V_1（最高充电电压）；然后进入高的恒压模式进行恒压充电，当电池持续充电，随着电池容量不断提升，电池电流就会降低，当电流低于某一个设定值 I_2 时，充电模式由高的恒压模式转换为低的恒压模式；最后，在低的恒压模式下进行涓流充电，用一个低的额定电压（浮充电压）给电池充电到 100% 荷电状态。该充电技术对提高电池寿命的效果比恒流恒压充电工艺好很多。

2. 间歇充电技术

间歇充电技术中有两种模式，一种是恒流模式，另外一种是间歇充电模式。采用间歇充电技术充电时，电池初期充电到一个较高的荷电状态，且其荷电状态范围保持在实际的荷电状态和 100% 之间，一般设置在 95%—97%。具体数值由一个额定电压 V_2 决定，具体如图 2-19 所示。

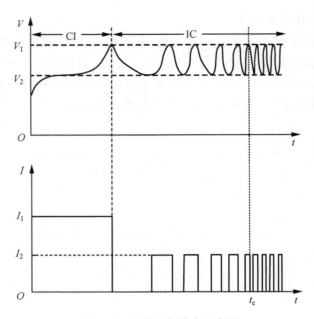

图 2-19　间歇充电技术示意图

充电循环开始时,首先采用恒流模式,用一个主体充电电流 I_1 充至最高电压,此时电池已达到一定的荷电状态。当充电电压达到上限规定的最高电压 V_1 时,充电模式转换为间歇充电模式;在间歇充电模式中,电池充电一段时间,然后一直保持在开路电压状态,直到电池电压下降,产生一个低的额定电压 V_2。在这个时候,再用恒定电流 I_2 给电池充电一段时间,间歇地重复该充电过程,直至达到一个稳定值时,充电结束。

相较于恒流、恒压和恒流恒压充电技术,间歇充电技术降低了电池过充的程度,从而延长了电池的使用寿命,但是间歇的动作会导致电池充电时间增加。

2.4.2　无线充电

近年来,无线充电作为一项新技术得到了飞速发展,已经在电动牙刷、电动剃须刀等部分消费类电子产品中实用化,并逐步扩展到智能手机及电动汽车领域。与传统有线充电方式相比,无线充电具有以下明显优势:

(1) 设备上不需要充电接口,可以使设备具有更好的防水性能,还可以使设备的外形更加美观(如在电动牙刷、智能手表上的应用)。

(2) 对于需要频繁充电的设备来说,无线充电更加快捷、方便,用户无须频繁地拔插线缆。

除此之外,无线充电还有安全、灵活、多机共用及可运用于某些特殊场合(如为人体植入式设备或其他在封闭空间中使用的设备充电)等诸多优点。

目前,就工作原理而言,主流的无线充电系统可分为磁耦合感应式(magnetic coupling induction,简称 MCI)和磁耦合谐振式(magnetic coupling resonance,简称 MCR)两类。

1. 磁耦合感应式

在磁耦合感应式无线充电系统中,初、次级线圈处于紧耦合状态,通过电磁场传输能量，其基本结构如图 2-20 所示。

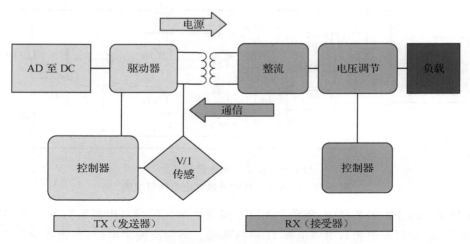

图 2-20　磁耦合感应式无线充电系统结构示意图

　　在发送端和接收端各配备一个线圈，发送端线圈连接有线电源产生电磁信号，接收端线圈感应发送端的电磁信号，从而产生电流给负载充电，类似于变压器。对于磁耦合感应式无线充电系统而言，其具有传输功率低（5 W 左右）、传输距离近（5 mm 左右）的特点，而且为了保证能量传输效率，一般要求通电线圈与受电线圈同轴，且其中心必须完全吻合。

　　图 2-21 所示为采用磁耦合感应式原理设计的一种简易无线充电电路。

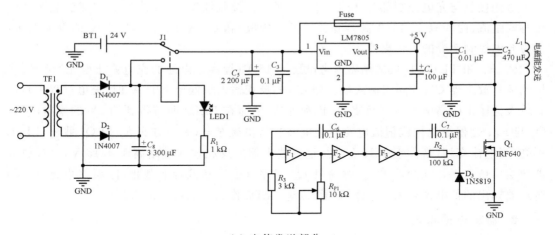

（a）电能发送部分

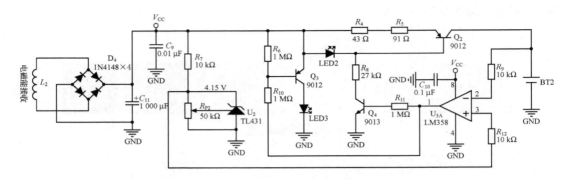

（b）电能接收与充电控制部分

图 2-21　磁耦合感应式无线充电电路原理图

电能发送部分如图 2-21(a)所示。无线电能发送单元的供电电源有两种：220 V 交流和 24 V 直流（如汽车电源），由继电器 J1 进行选择。当由交流供电时，整流滤波后约 26 V 的直流电压使继电器 J1 吸合，发送电路单元便工作于交流供电方式，此时直流电源 BT1 与电能发送电路断开，同时 LED1 发光显示。经继电器 J1 选择的外部电源一部分为发射线圈 L_1 供电，一部分经芯片 U_1 降压后为反相器 F_1、F_2、F_3 供电。

CD4069 芯片的其中两个非门 F_1、F_2 构成方波振荡器，其振荡频率可通过电位器 R_{P1} 进行调节。该方波振荡器输出一定频率的方波，经 F_3 缓冲并整形，得到幅度约 11 V 的方波来驱动功放管 IRF640，进而通过发送线圈 L_1 将电场能量发送出去。

电能接收与充电控制部分如图 2-21(b)所示。接收线圈 L_2 感应得到的交变电场信号经桥式整流（由 4 只 1N4148 高频开关二极管构成）和 C_{11} 滤波，得到约 20 V 的直流电压，作为充电控制部分的唯一电源。

R_7、R_{P2} 和 TL431 构成的精密参考电压 4.15 V（锂离子电池的充电终止电压）经 R_{12} 连接到运算放大器 U_{3A} 的同相输入端。当 U_{3A} 的反相输入端低于 4.15 V 时（充电过程中），运算放大器输出的高电平一方面使 Q_4 饱和导通，从而在 LED2 两端得到约 2 V 的稳定电压，Q_2 与 R_4、R_5 便据此构成恒流电路对锂电池进行恒流充电；另一方面 R_6 使 Q_3 截止，LED3 不亮，当电池充满（略大于 4.15 V）时，运算放大器的反相输入端略高于 4.15 V，运算放大器便输出低电平，此时 Q_4 截止，恒流管 Q_2 因完全得不到偏置而截止，因而停止充电。同时运放输出的低电位经 R_{10} 使 Q_3 导通，点亮 LED3 作为充满状态指示。

2. 磁耦合谐振式

磁耦合谐振式无线充电的理论基础是电磁谐振理论。在发送端与接收端配置相同谐振频率的谐振线圈，当两者距离适当时，给发送端输送与谐振线圈谐振频率相同的驱动信号及能量，两者便会产生谐振，能量便可以源源不断地从发送端传输到接收端，发送端消耗能量，接收端吸收能量，这样两个设备之间便实现能量的无线传输。磁耦合谐振式无线充电系统的基本结构如图 2-22 所示。

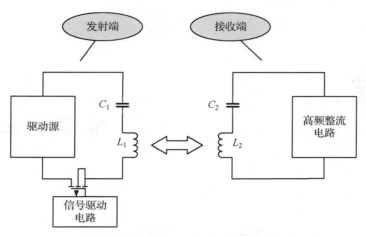

图 2-22　磁耦合谐振式无线充电系统的基本结构

图 2-22 中的驱动源电压为发射端所要发送的直流电压,C_1 与 L_1 构成发射端串联谐振回路,C_2 与 L_2 构成接收端串联谐振回路,图中的功率转化开关的驱动信号频率为 f,通过控制这个开关管,在串联谐振回路中产生发射端所需要的交变电场。当系统谐振工作时,电场与磁场之间会按一定的时间周期进行能量的交换,并且能量在两者之间的分布是均匀的,因此该系统对于电容和线圈的选取非常关键。

相较于感应式无线充电系统,磁耦合谐振式无线充电技术具有传输功率大(最高功率等级为 50 W)、传输距离远(可达数米),并且可支持多个设备同时充电(最多 8 个)的优点,而且在充电过程中无须使线圈位置完全吻合。由于其技术难度较大,基于磁耦合谐振式原理的无线充电系统目前大多处于实验室研究阶段,但从长远角度来看,磁耦合谐振式无线充电技术具有更加明显的技术优势和广阔的应用前景。

第3章

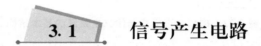

信号产生和调理

3. 1 信号产生电路

在电子电路设计和制作过程中,通常需要各种形状的波形信号作为测试信号或控制信号,如矩形波、正弦波、三角波、单脉冲波等。这类电路最大的特点是信号可以"无中生有",即在没有输入信号的情况下,也能够产生输出信号。

本节将介绍基于"正反馈"思想的非正弦波产生电路、基于自激振荡的正弦波产生电路和直接数字频率合成(direct digital frequency synthesis,简称 DDS)技术。

3.1.1 非正弦波产生电路

非正弦波主要包括方波、矩形波、三角波、锯齿波、阶梯波等,下面主要介绍其电路组成、工作原理及主要参数。

方波产生电路是一种能够直接产生方波或矩形波的非正弦波产生电路。由于方波中包含极丰富的谐波,因此方波产生电路(图 3-1)又被称为多谐振荡器。

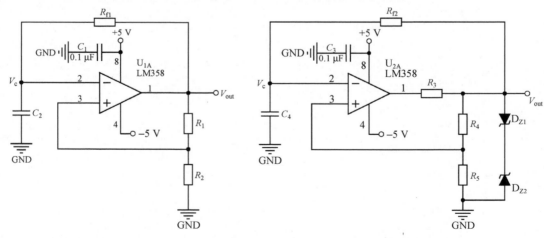

（a）基本电路 　　　　　　　　　　（b）双向限幅的方波产生电路

图 3-1　方波产生电路

如图 3-1(a)所示,最简单的方波产生电路由迟滞电压比较器及阻容充放电电路组成。设运放最大输出电压 V_{out} 等于供电电压 $\pm V_{CC}$(图中为 $+5$ V 和 -5 V),上电瞬间运放输出电压 V_{out} 为零,但是由于运放受内部噪声和输入失调电压的影响,输出端会叠加或正或负的随机噪声,使得同相输入端电压 V_p 不为零。而电容 C 充放电需要时间,因此 $V_p - V_n \neq 0$。又由于运放开环电压增益很高,此时运放输出为 V_{CC} 或 $-V_{CC}$。

假设此时 $V_{out} = V_{CC}$,则 $V_p = \dfrac{R_2}{R_1 + R_2} \cdot V_{CC}$。输出电压给电容 C_2 充电,反相输入端电压 V_n 随之升高,当 $V_n > V_p$ 时,运放输出翻转,$V_o = -V_{CC}$,同相输入端电压 V_p 随即变为 $-\dfrac{R_2}{R_1 + R_2} \cdot V_{CC}$。此时,电容 C_2 开始放电,V_n 减小,当 $V_n < V_p$ 时,运放输出再次翻转,$V_o = V_{CC}$。如此反复,输出端最终得到了方波。产生方波的周期为

$$T = 2R_{f1}C\ln\left(1 + \frac{2R_2}{R_1}\right) \tag{3-1}$$

当 V_p 过于接近 V_{CC} 时,即 $R_2 \gg R_1$,此时比较器的阈值电压接近于电源电压,即在电容充放电比较平缓的阶段 V_n 超越或低于 V_p,在有噪声干扰时,不利于输出频率的稳定,通常取 $R_1 = R_2$。由于实际运放输出的正负电压的绝对值不相等,存在不对称性,将导致输出方波的幅度不对称,也会导致电容充放电的斜率不对称。为了解决该问题,可在运放输出端接双向稳压管,如图 3-1(b)所示。此时输出方波幅值为 $\pm V_z$,V_z 为稳压管的稳定电压值。电阻 R_3 是双向稳压管的限流电阻。

图 3-1 所示的方波产生电路除了可以输出方波外,运放的反相输入端可以产生电容充放电近似的三角波,近似是因为对电容 C 是恒压充电。将电路改进为如图 3-2 所示的恒流充电的方式,输出端 V_{out1} 为方波输出,而输出端 V_{out2} 可得到线性较好的三角波。

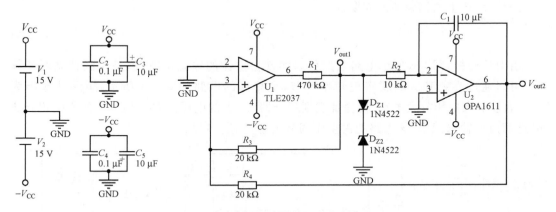

图 3-2 固定参数的三角波产生电路

图中比较器 U_1 同相输入端电压为

$$V_{p1} = \frac{R_4}{R_3 + R_4} \cdot V_{out1} + \frac{R_3}{R_3 + R_4} \cdot V_{out2} \tag{3-2}$$

令 $V_{p1} = 0$,可得比较器 U_1 翻转时,输出电压 V_{out2} 为

$$V_{out2} = \pm \frac{R_4}{R_3} \tag{3-3}$$

经计算,产生的三角波的周期为

$$T = \frac{4R_4R_2C_1}{R_3} \quad\quad (3\text{-}4)$$

由式(3-4)可得,理论上可以通过改变 R_2、R_3、R_4、C_1 任一值,调整三角波的周期,但是若将 C_1 改为可调电容,其电容值通常较小,三角波周期变化范围也较小,调电容的方法不实用。若改变 R_3 和 R_4,虽然可以改变三角波的周期,但是同时也改变了三角波的幅值,无法实现周期的独立调节,因此,实际中一般将 R_2 改为电位器。

占空比的调节需要改变积分器的时间常数,通过改变正输入和负输入时 R_2 的大小,使其具有不同的电压变化速率。实际应用中,通常采用双向不等值的电阻,如图 3-3 所示,将同一个电位器分成两部分。该电路通过调节电位器 R_{P1},可以实现输出频率不变、占空比独立可调,该电路也被称为锯齿波产生电路。

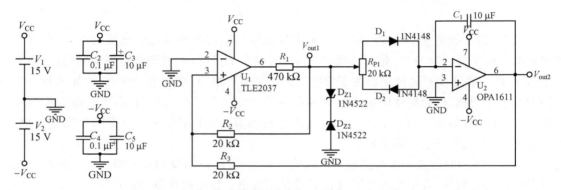

图 3-3 占空比独立可调的三角波产生电路

经计算,产生的锯齿波的周期为

$$T = \frac{2R_3R_{P1}C_1}{R_2} \quad\quad (3\text{-}5)$$

由上述分析,图 3-3 所示电路虽然可以实现占空比的独立调节,但是无法独立调节频率。可以通过改变 V_{out1} 电压实现频率调节,优化后的电路如图 3-4 所示,矩形波输出为 V_{out3},通过引入反相放大电路,使得加载到积分器 U_3 上的电压由 R_{P1} 决定,从而影响积分速率,进而改变输出频率,该电路的占空比调节仍通过 R_{P2} 实现。

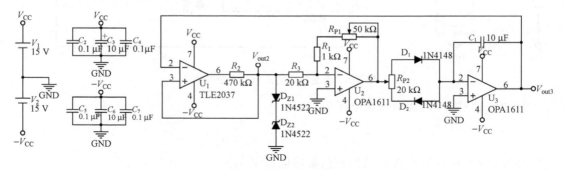

图 3-4 频率、占空比独立可调的三角波产生电路

若需要改变输出的矩形波或三角波的幅度和偏移量,以图 3-4 中矩形波为例,只需要将 U_1 运放电路改成如图 3-5 所示电路,即可实现对矩形波幅度和偏移量的独立调节。

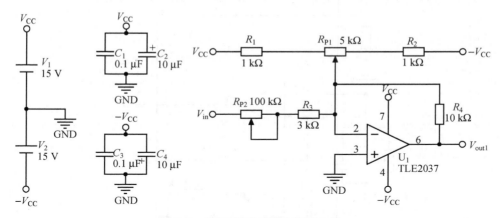

图 3-5　幅度、偏移量独立调节电路

3.1.2　自激振荡的正弦波产生电路

由自激振荡产生的正弦波电路主要由选频电路、放大电路和稳幅电路构成,相位条件(某频率下相移为 $2n\pi$)和幅度条件(该频率下环路增益大于等于 1)是电路发生自激振荡的充要条件。由于噪声信号包含任意频率,在选频电路和放大电路的作用下,有且仅有一个频率的信号既满足相位条件,又满足幅度条件,此时输出端就会出现该频率的正弦波。如果放大电路的环路增益大于 1,会使得输出波形越来越大,为了不使输出波形接近电源电压时出现削波现象,通常加有稳幅电路。当输出波形幅值大于规定值时,稳压电路使得放大电路增益下降,构成负反馈,从而输出稳定的波形,由自激振荡产生正弦波的电路原理图如图 3-6 所示。

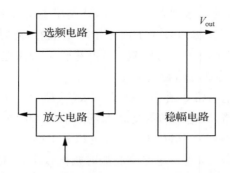

图 3-6　自激振荡产生正弦波的电路原理图

常见的自激振荡正弦波产生电路主要分为 RC 正弦波振荡电路和 LC 正弦波振荡电路。

1. RC 正弦波振荡电路

RC 正弦波振荡电路的选频网络由电阻和电容构成,由于其振荡频率和稳定性取决于电阻、电容的大小和稳定性,所以其振荡频率容易受温度的影响,一般工作在中频段。但 RC 正弦波振荡电路结构简单,起振容易,失真也较小。RC 桥式振荡电路如图 3-7 所示。

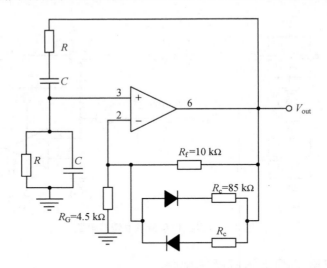

图 3-7 RC 桥式振荡电路

图 3-7 中两个电阻 R 和两个电容 C 构成选频网络,也称文氏电桥。选频网络的增益为

$$\dot{F}_V = \frac{\dot{u}_o}{\dot{u}_p} = \frac{1}{3 + \mathrm{j}\left(\omega RC - \dfrac{1}{\omega RC}\right)} \tag{3-6}$$

当且仅当 $\omega = \dfrac{1}{RC}$ 时,此时相移为 $0°$,$|\dot{F}_V| = \dfrac{1}{3}$。若此时由运放构成的放大电路的电压增益为 3,电路可以在 $f_0 = \dfrac{1}{2\pi RC}$ 处实现自激振荡。但由于环路增益为 1,很小的噪声信号不能被放大,所以图 3-7 中放大电路的电压增益略大于 3。当输出信号幅值较小时,两只二极管截止,此时放大电路的电压增益为 3.222,环路增益为 1.074,很小的噪声信号再经历多次放大后逐渐增加。当输出信号大于或小于一定值时,此时二极管导通,使得在某一幅值下,二极管的直流电路串联 85 kΩ 电阻 R_c,再并联 10 kΩ 电阻 R_f,刚好让电路的环路增益等于 1,此时电路将维持该幅值稳定输出。

实用的 RC 正弦波产生电路如图 3-8 所示,R_1、C_1、R_2、C_4 构成选频网络,LM324 中的一个运放 U_{1A} 构成放大电路,其电压增益受结型场效应管 Q_1 的等效电阻控制,而 Q_1 的等效电阻又受控于 LM324 中的另一运放 U_{1B} 构成的积分电路。由于二极管 D_2 的管压降,使得 U_{1B} 同相输入端电压约为 1.3 V。电路刚起振时幅值较小,二极管 D_1 截止,由运放的"虚短"和"虚断"特性得,U_{1B} 输出电压约为 1.3 V,此时场效应管 Q_1 导通,其等效电阻小,U_{1B} 的电压增益约为 $1 + 5.6/2.4 = 3.333$,环路增益为 1.111,输出信号被不断放大。每当输出信号幅值超过 V_3 时,二极管 D_1 导通,输出信号给电容 C_7 充电,U_{1B} 输出端电压逐渐降低,导致 Q_1 的等效电阻不断变大。当等效电阻和 R_6 并联达到 400 Ω 时,此时放大电路的电压增益为 3,环路增益为 1,便可以稳定地输出正弦信号。通过改变 V_3 的大小,可以调节输出信号的幅值。

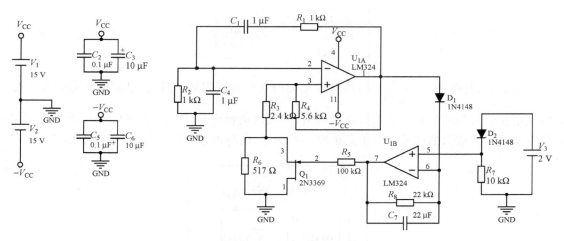

图 3-8　实用的 RC 正弦波发生电路

　　稳幅电路也可以利用正温度系数的热敏电阻动态调整电压增益来实现。图 3-9 是美国凌力尔特公司生产的运放 LT1037 参考电路,其稳幅电路是由图中正温度系数的 LAMP 来实现的。常温下,灯丝电阻小于 215 Ω,使得该放大电路的电压增益大于 3,自激振荡发生,输出信号幅值不断增加。此时,灯丝的温度不断升高,使得其电阻变大,导致电压增益降低,最终会使得环路增益为 1,电路稳定地输出正弦波。如果将图中 430 Ω 电阻换成具有负温度系数的电阻,也可以实现自激振荡的稳幅作用。

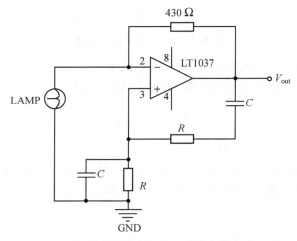

图 3-9　基于灯丝稳幅的正弦波产生电路

2. LC 正弦波振荡电路

　　除了用电阻和电容实现选频外,电容和电感也可以实现选频功能。用 LC 选频网络,配合放大电路产生自激振荡,产生正弦波的电路称为 LC 正弦波振荡电路,其通常产生的频率更高,与 RC 正弦波振荡电路类似,LC 正弦波振荡电路的频率稳定性受温度影响较大。

　　当一个理想的电容和电感并联时,其阻抗为

$$Z = \frac{j\omega L \cdot \dfrac{1}{j\omega C}}{j\omega L + \dfrac{1}{j\omega C}} = \frac{j\omega L}{1 - \omega^2 LC} \tag{3-7}$$

显然，当且仅当 $\omega = \dfrac{1}{\sqrt{LC}}$ 时，电路发生谐振，LC 并联网络呈阻性，且阻值为无穷大。若将该电路引入到基极分压式射极偏置电路，替代集电极电阻 R_C，构成如图 3-10 所示电路，便可实现选频放大的效果。对于其他频率的信号，电压增益不但减小，而且伴随相移。

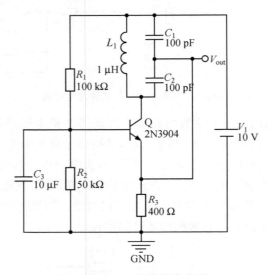

图 3-10　*LC* 正弦波振荡电路

该电路将输出信号送回到发射极，构成共基极电路，使整个环路满足自激振荡的条件。其振荡频率即输出信号的频率为 LC 并联网络的谐振频率：

$$f_0 = \frac{1}{2\pi\sqrt{LC}} \tag{3-8}$$

式中，C 为电容 C_1 和 C_2 的并联值。

根据 LC 正弦波振荡电路引入的正反馈方式，可以分为变压器反馈式、电感反馈式和电容反馈式。变压器反馈式振荡电路如图 3-11 所示。

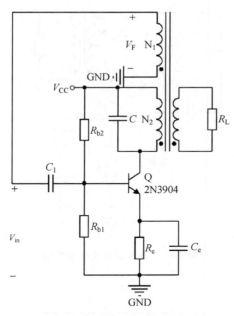

图 3-11　变压器反馈式振荡电路

其振荡频率为

$$f_0 = \frac{1}{2\pi\sqrt{L_1'C}} \tag{3-9}$$

式中，$L_1' = L_1 - \dfrac{\omega^2 M^2}{R_i^2 + \omega^2 L_2^2} \cdot L_2$。$R_i$ 是放大电路的输入电阻，$R_i = R_{b1} /\!/ R_{b2} /\!/ r_{be}$，$M$ 是 N_1 和 N_2 之间的互感系数，L_1、L_2 分别是线圈 N_1、N_2 对应的电感量。

电路的起振条件为

$$\beta > \frac{r_{be} R'C}{M} \tag{3-10}$$

式中，$R' = R + \dfrac{\omega^2 M^2}{R_i^2 + \omega^2 L_2^2} \cdot R_i$。

变压器反馈式振荡电路容易产生振荡，波形较好，应用范围比较广泛。但是，由于其输出电压和反馈电压之间靠磁路耦合，耦合不紧密，损耗较大，频率稳定性不好。

为了改善变压器反馈式振荡电路耦合不紧密的问题，可以将图 3-11 中 N_1 和 N_2 合并成一个线圈，构成如图 3-12 所示的电感反馈式振荡电路。由于在交流通路中，一次线圈的三个端子分别接在三极管的三个电极，因此该电路又被称为电感三点式电路。

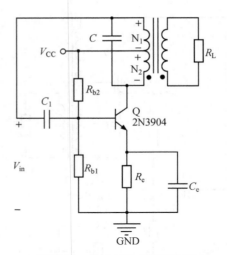

图 3-12　电感反馈式振荡电路

其振荡频率为

$$f_0 \approx \frac{1}{2\pi \sqrt{(L_1+L_2+2M)C}} \tag{3-11}$$

电路的起振条件为

$$\beta > \frac{L_1+M}{L_2+M} \cdot \frac{r_{be}}{R_L'} \tag{3-12}$$

式中，L_1、L_2 分别是线圈 N_1、N_2 的电感。电感反馈式振荡电路 N_1 和 N_2 耦合紧密，输出信号振幅大。当 C 为可调电容时，输出信号频率范围较大，可达几十兆赫。但是，由于反馈信号取自电感，对高频信号电抗大，输出信号中常有高次谐波，所以，电感反馈式振荡电路常用于高频加热器等对波形要求不高的应用场合。

为了改善输出电压的波形，将图 3-12 所示电路中电感和电容交换位置，并将交换后的电容公共端接地，构成如图 3-13 所示的电容反馈式振荡电路。由于交流通路中两个电容的三个端子分别接在三极管的三个电极，因此该电路又被称为电容三点式电路。

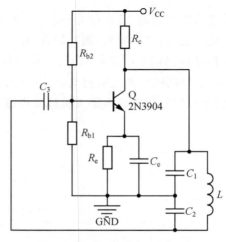

图 3-13　电容反馈式振荡电路

其振荡频率为

$$f_0 \approx \frac{1}{2\pi\sqrt{L\dfrac{C_1 C_2}{C_1 + C_2}}} \tag{3-13}$$

电路的起振条件为

$$\beta > \frac{C_2}{C_1} \cdot \frac{r_{be}}{R_L{}'} \tag{3-14}$$

式中，$R_L{}' = R_c /\!/ \dfrac{R_i C_2{}^2}{C_1{}^2}$。

电容反馈式振荡电路频率可调范围较小，通常用于固定频率的场合，主要是因为电感的改变比较困难，而改变电容又会影响起振条件。

3.1.3 直接数字频率合成技术

前面介绍的基于模拟器件实现的正弦波信号发生电路存在许多不足，如信号频率的精确度、稳定性难以保证，信号频率和相位的快速切换难以实现。随着高速数字电路技术的发展，基于直接数字频率合成技术的波形产生方法不仅能实现信号频率和相位的快速变换，而且可以提供高精度、高稳定性和高品质的正弦波、三角波和矩形波。

直接数字频率合成是建立在采样理论上，将信号波形以相位极小的间隔进行采样，通过计算出信号波形对应于相应相位的幅值，从而形成一个相位-幅度表，并将其存储于 DDS 芯片的波形存储器（ROM）中。频率的合成过程是利用数字方式对相位进行累加，获得波形信号的相位值，将这些相位值作为地址，从波形-幅度存储器中读取相应的幅值数据，然后将这些幅值数据通过数模转换器（DAC）转换为模拟信号，输出的模拟信号经过低通滤波器进行平滑处理，最后得到连续变化的波形输出。

频率控制字 K 可以确定输出信号的频率，相位控制字 P 可以确定相对于参考时钟对应的相位，波形控制字 W 可以选择输出的波形（通常为正弦波、三角波、矩形波）。

1. DDS 原理

虽然正弦波信号的幅度不是随时间线性变化的，但正弦波信号的相位却是线性增加的。DDS 正是利用这一特点来产生正弦波信号的。DDS 的频率控制字 K 把正弦的一个 2π 周期分成了 2^N 等份。通过相位累加器形成数控振荡器（NCO），输出信号的频率控制范围为 $0 - 2^{N-1}$。再利用相位控制字 P，添加一个相位偏移来执行相位调制，输出信号的相位控制分辨率为 $\dfrac{1}{2\pi} - \dfrac{1}{2\pi^{2(p-1)}}$。由于相位信息可以直接映射至幅度，因此利用 SIN ROM 可将数字相位信息用作查找表的地址，并将相位信息转换成正弦波信号的幅度数字。利用 D 位 DAC 将正弦波转换为量化信号，最后利用低通滤波器 LPF 输出较好的模拟信号。利用波形控制字 W，还可以方便地选择输出的波形（正弦波、三角波和矩形波）。

DDS 芯片中的频率控制字 K、相位控制字 P、波形控制字 W 通常需要借助微控制器进行操作。DDS 原理示意图如图 3-14 所示。

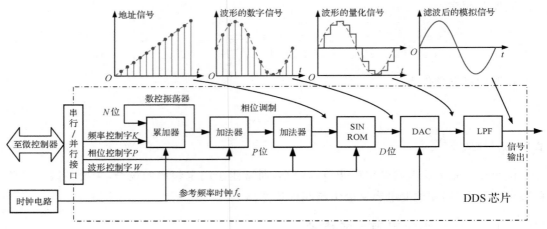

图 3-14　DDS 原理示意图

2. DDS 芯片 AD9833 简介

目前 DDS 芯片品种繁多,下面以 ADI 公司的 AD9833 芯片为例,介绍其主要性能指标。

AD9833 是一款低功耗、可编程波形发生器,能够产生正弦波、三角波和方波输出。输出频率和相位可通过软件进行编程,调整简单,不需要外部元件。AD9833 频率寄存器位数 N 为 28 位,当参考时钟频率 f_c 为 25 MHz 时,可以实现 0.1 Hz 分辨率的调整,输出频率范围为 0—12 MHz;而当参考时钟频率 f_c 为 1 MHz 时,则可以实现 0.004 Hz 分辨率的调整,输出频率范围为 0—500 kHz。AD9833 相位控制寄存器位数 P 为 12 位,可以实现 $\frac{2\pi}{4\,096}$ 或 0.088 分辨率的相位调整。AD9833 的 DAC 为 10 位,输出幅度的分辨率为 $\frac{1}{1\,024}$。

AD9833 通过一个三线式串行接口写入数据。该串行接口能够以最高 40 MHz 的时钟频率工作,并且与 DSP 和微控制器标准接口兼容。

AD9833 采用 2.3—5.5 V 电源供电,功耗仅为 12.65 mW(工作电压为 3 V 时)。另外,它还具有省电功能,允许关断器件中不用的部分,从而将功耗降至更低。例如,仅在产生时钟输出时,可以关断 DAC 部分电源。

AD9833 采用 10 引脚 MSOP 封装,体积也非常小。ADI 公司提供相应的评估实验板。市面上还有许多性能更加优越的 DDS 模块,这些模块通常集成了 DDS 芯片、电源、接口和必要的外围元件,并提供原理图、使用说明和样例程序,可供应用者选择。

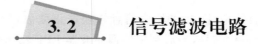

3.2　信号滤波电路

滤波是指对不同频率的信号产生不同的增益和相移,从而使一部分的频率信号通过,一部分的频率信号被抑制。实际应用中常用来做信号处理、数据传送和抑制干扰等。滤波可以通过模拟电路来实现,也可以通过数字电路或软件来实现。

如图 3-15 所示,按所通过信号的频段,滤波器分为低通、高通、带通、带阻和全通五类。

其中,低通滤波器允许信号中的低频或直流分量通过,抑制高频分量;高通滤波器允许信号中的高频分量通过,抑制低频或直流分量;带通滤波器允许一定频段的信号通过,抑制低于或高于该频段的信号、干扰和噪声;带阻滤波器抑制一定频段内的信号,允许该频段以外的信号通过;全通滤波器指各频率的增益相同,但是不同频率的相移不同,也称相移滤波器。

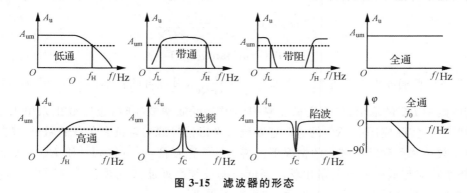

图 3-15 滤波器的形态

3.2.1 模拟滤波器

模拟滤波器主要分为无源滤波器和有源滤波器两大类。

无源滤波器(passive filter)是指只用电阻、电容、电感、变压器等无源元件构成的滤波器。这类滤波器的优点是:电路比较简单,不需要直流电源供电,可靠性高。缺点是:通带内的信号有能量损耗,负载效应比较明显,使用电感元件时容易引起电磁感应,当电感 L 较大时滤波器的体积和重量都比较大,在低频域不适用。

有源滤波器(active filter)是指由三极管、运放、门电路、处理器等有源元件构成的滤波器。这类滤波器的优点是:通带内的信号不仅没有能量损耗,而且可以放大,负载效应不明显,多级相联时相互影响很小,利用级联的简单方法很容易构成高阶滤波器,并且滤波器的体积小、重量轻、不需要磁屏蔽(不使用电感元件)。缺点是:通带范围受有源器件(如运放)的带宽限制,需要直流电源供电,可靠性不如无源滤波器高,在高压、高频、大功率的场合不适用。

一阶 RC 低通滤波电路的基本结构如图 3-16 所示,传递函数为

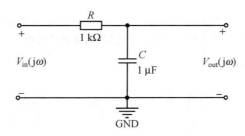

图 3-16 一阶 RC 低通滤波电路的基本结构

$$\dot{H}(j\omega) = \frac{\dfrac{1}{j\omega C}}{R + \dfrac{1}{j\omega C}} = \frac{1}{1 + j\omega RC} \tag{3-15}$$

则其幅频特性和相频特性为

$$\begin{cases} |\dot{H}(j\omega)| = \dfrac{1}{\sqrt{1 + (\omega RC)^2}} \\ \varphi(\omega) = -\arctan(\omega RC) \end{cases} \tag{3-16}$$

一阶 RC 低通滤波电路的截止频率为 $f_0 = \dfrac{1}{2\pi RC}$,过渡带的斜率为 -20 dB/10 倍频,适当改变电路中 RC 的取值,可改变截止频率。设计低通滤波器时,应使截止频率大于有用信号的频率。实际应用中,RC 的选取还要统筹考虑信号源的阻抗和负载的阻抗,常用于信号源阻抗较小和负载阻抗较大的情况下。将 RC 位置互换,便可得到一阶 RC 高通滤波电路,其频率响应与低通滤波电路相反。当低通滤波和高通滤波选择合适的截止频率,组合在一起便可构成带通和带阻滤波电路,这里就不再赘述。

由于无源滤波电路的截止频率受负载影响,很多时候难以满足信号处理电路的应用需求,因此产生了有源滤波电路,本节将重点介绍由运放构成的有源滤波器。

1. 一阶有源低通、高通滤波电路

同相输入的一阶有源低通滤波电路如图 3-17(a)所示,其传递函数为

$$\dot{H}(j\omega) = \left(1 + \frac{R_f}{R_g}\right) \times \frac{1}{1 + j\omega RC} = A_v \times \frac{1}{1 + j\dfrac{\omega}{\omega_0}} \tag{3-17}$$

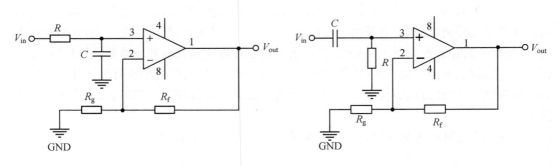

（a）一阶有源低通滤波电路　　　　　　　　（b）一阶有源高通滤波电路

图 3-17　一阶有源低通、高通滤波电路

则其幅频特性和相频特性为

$$\begin{cases} |\dot{H}(f)| = A_v \times \dfrac{1}{\sqrt{1 + \left(\dfrac{\omega}{\omega_0}\right)^2}} = A_v \times \dfrac{1}{\sqrt{1 + \left(\dfrac{f}{f_0}\right)^2}} \\ \varphi(f) = -\arctan\left(\dfrac{f}{f_0}\right) \end{cases} \tag{3-18}$$

由式(3-18)可知,当频率很低时,增益近似等于 A_v,相移几乎为 0,即低频信号可以通过;当频率增加到 f_0 时,增益下降为 $0.707A_v$,相移为 $-45°$,该频率是低通滤波器的截止频率,

也是其特征频率;随着频率的进一步增加,增益以−20 dB/10 倍频的速度下降,相移逐渐接近−90°。

对于如图 3-17(b)所示的同相输入的一阶有源高通滤波电路,可以用同样的方法得到其幅频特性和相频特性:

$$\begin{cases} |\dot{H}(f)| = A_v \times \dfrac{1}{\sqrt{1+\left(\dfrac{f_0}{f}\right)^2}} \\[4mm] \varphi(f) = \arctan\left(\dfrac{f_0}{f}\right) \end{cases} \tag{3-19}$$

2. 一阶有源全通滤波电路

一阶有源全通滤波电路如图 3-18 所示,以图 3-18(a)滞后型为例,其传递函数为

$$\dot{H}(f) = \frac{1-j\dfrac{f}{f_0}}{1+j\dfrac{f}{f_0}} \tag{3-20}$$

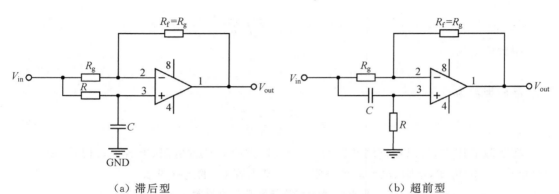

（a）滞后型　　　　　　　　　　　（b）超前型

图 3-18　一阶有源全通滤波电路

则其幅频特性和相频特性为

$$\begin{cases} |\dot{H}(f)| = \dfrac{\sqrt{1^2+\left(-\dfrac{f_0}{f}\right)^2}}{\sqrt{1^2+\left(\dfrac{f_0}{f}\right)^2}} = 1 \\[6mm] \varphi(f) = -2\arctan\left(\dfrac{f}{f_0}\right) \end{cases} \tag{3-21}$$

由式(3-21)可知,其电压增益始终为 1,且相移始终小于 0,因此属滞后型。超前型的分析类似,在此不再赘述。

3. 二阶有源低通滤波电路

一阶滤波器常用于一些要求不高的应用场合,当输入信号频率超过截止频率后,其增益一般以−20dB/10 倍频的速度下降,若要实现更高的下降速度,需要使用二阶、三阶甚至更高阶的滤波器。

SK 型单位增益低通滤波电路如图 3-19 所示,其传递函数为

$$\dot{H}(j\omega)=\frac{1}{1+j\omega C_2(R_1+R_2)+(j\omega)^2 C_1 C_2 R_1 R_2}$$

$$=A_V\frac{1}{1+\frac{1}{Q}j\frac{\omega}{\omega_0}+\left(j\frac{\omega}{\omega_0}\right)^2} \tag{3-22}$$

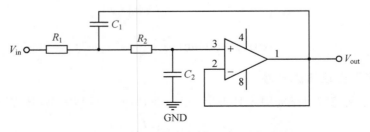

图 3-19　SK 型单位增益低通滤波电路

特征频率为

$$f_0=\frac{1}{2\pi\sqrt{C_1 C_2 R_1 R_2}} \tag{3-23}$$

中频增益为

$$A_V=1 \tag{3-24}$$

品质因数为

$$Q=\frac{\sqrt{C_1 C_2 R_1 R_2}}{C_2(R_1+R_2)} \tag{3-25}$$

在实际应用中,可以根据滤波器的设计要求,选择合适的电阻、电容值。但是,由式(3-23)至式(3-25)可知,电阻、电容取值不唯一,通常电容 C_1 的选择见表 3-1。

表 3-1　截止频率与电容 C_1 的选择

截止频率	1 Hz	10 Hz	100 Hz	1 kHz	10 kHz	100 kHz	1 MHz	10 MHz
电容	10—100 μF	1—10 μF	0.1—1 μF	10—100 nF	1—10 nF	0.1—1 nF	10—100 pF	1—10 pF

虽然确定了电容 C_1 的取值范围,但是通过上述公式来设计滤波器比较复杂,通过对上述电路的电阻、电容作进一步的条件约束,构成如图 3-20 所示的二阶巴特沃斯低通滤波电路,使得滤波器的设计变得非常简单。

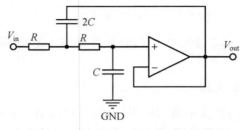

图 3-20　二阶巴特沃斯低通滤波电路

将图中参数代入式(3-23)和式(3-25),可得其特征频率为 $f_0 = \dfrac{1}{2\sqrt{2}\pi RC}$,品质因数为 0.707。图 3-19 和图 3-20 电路的中频增益为 1,将其改进为图 3-21 所示电路,既可以实现低通滤波作用,也可以实现放大功能。

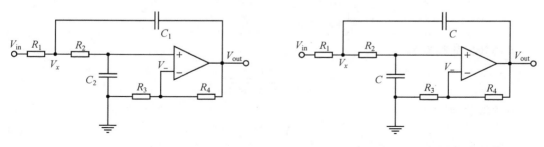

（a）二阶低通滤波电路　　　　　　　　　（b）易用型二阶低通滤波电路

图 3-21　SK 型增益不为 1 的二阶低通滤波电路

图 3-21(a)所示电路的特征频率和图 3-18 相同,中频增益为

$$A_V = 1 + \frac{R_4}{R_3} \tag{3-26}$$

品质因数为

$$Q = \frac{\sqrt{C_1 C_2 R_1 R_2}}{C_2 (R_1 + R_2) + (1 - A_V) R_1 C_1} \tag{3-27}$$

图 3-21(b)是易用型二阶低通滤波电路,其特征频率为

$$f_0 = \frac{1}{2\pi RC} \tag{3-28}$$

品质因数为

$$Q = \frac{1}{3 - A_V} \tag{3-29}$$

可见,该电路的品质因数和中频增益有关,由于中频增益大于等于 1,因此 Q 值可以是大于 0.5 的任意值。

4. 二阶有源高通滤波电路

在二阶有源低通滤波电路的基础上,将电阻和电容交换,便可得到如图 3-22 所示的 SK 型单位增益高通滤波电路。

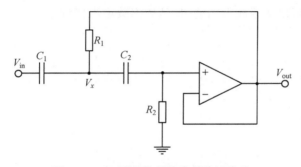

图 3-22　SK 型单位增益高通滤波电路

传递函数为

$$\dot{H}(j\omega) = \frac{(j\omega)^2 R_1 R_2 C_1 C_2}{1 + j\omega R_1 R_2 C_1 C_2 \left(\dfrac{1}{R_1 C_1} + \dfrac{1}{R_2 C_2}\right) + (j\omega)^2 R_1 R_2 C_1 C_2}$$

$$= A_V \times \frac{(j\omega)^2}{1 + \dfrac{1}{Q} j\omega + (j\omega)^2} \tag{3-30}$$

可得其特征频率为

$$f_0 = \frac{1}{2\pi \sqrt{C_1 C_2 R_1 R_2}} \tag{3-31}$$

中频增益为

$$A_V = 1 \tag{3-32}$$

品质因数为

$$Q = \sqrt{\frac{R_2}{R_1}} \times \frac{\sqrt{C_1 C_2}}{C_1 + C_2} \tag{3-33}$$

在实际应用中,可以根据滤波器的设计要求,选择合适的电阻、电容值。电容的选取也可以参考表 3-1。实际应用中,常进一步约束电阻和电容的关系,构成如图 3-23 所示的二阶巴特沃斯高通滤波电路。

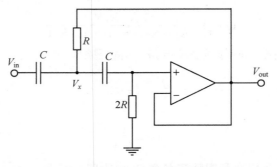

图 3-23 二阶巴特沃斯高通滤波电路

将上图中参数代入式(3-31)和式(3-33),可得其特征频率为 $f_0 = \dfrac{1}{2\sqrt{2}\pi RC}$,品质因数为 0.707。

图 3-22 和图 3-23 中电路的中频增益为 1,将其改进为如图 3-24 所示的电路,既可以实现高通滤波作用,也可以实现放大功能,且品质因数可为任意值。

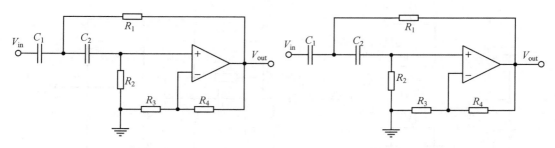

（a）二阶高通滤波电路　　　　　　　　（b）易用型二阶高通滤波电路

图 3-24　SK 型增益不为 1 的二阶高通滤波电路

图 3-24（a）所示电路的特征频率和图 3-22 相同，中频增益为

$$A_V = 1 + \frac{R_4}{R_3} \tag{3-34}$$

品质因数为

$$Q = \frac{\sqrt{C_1 C_2 R_1 R_2}}{R_1 C_1 + R_1 C_2 + (1 - A_V) R_2 C_2} \tag{3-35}$$

图 3-24（b）是易用型二阶高通滤波电路，其特征频率为

$$f_0 = \frac{1}{2\pi RC} \tag{3-36}$$

品质因数为

$$Q = \frac{1}{3 - A_V} \tag{3-37}$$

可见，可以通过改变该电路的中频增益来改变品质因数，由于品质因数大于 0，因此该电路的中频增益小于 3。

5. 由运放构成的带通滤波电路

由运放构成的带通滤波电路分为宽带通和窄带通两种。窄带通滤波电路具有单一的截止频率，也被称为选频放大电路；宽带通滤波电路通常由低通滤波电路和高通滤波电路串联组成，具有两个不同的截止频率。这里主要介绍宽带通滤波电路，其幅频特性曲线如图 3-25 所示。

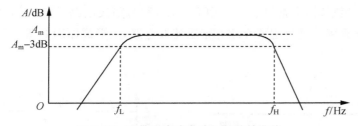

图 3-25　宽带通滤波电路幅频特性曲线

实现宽带通滤波电路比较容易，如图 3-26 所示，只需将下限截止频率为 f_L 的高通滤波电路与上限截止频率为 f_H 的低通滤波电路直接串联即可，f_L 应小于 f_H。

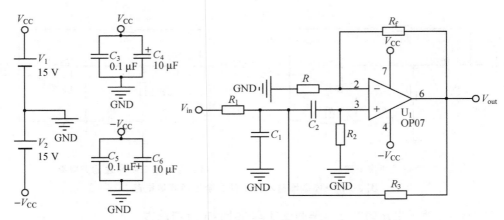

图 3-26 二阶带通滤波电路

当 $R_1 = R_3 = R$，$R_2 = 2R$，$C_1 = C_2 = C$ 时，令 $f_0 = \dfrac{1}{2\pi RC}$，可得传递函数为

$$\dot{H}(f) = \frac{A_V}{3 - A_V} \times \frac{1}{1 + \mathrm{j}\,\dfrac{1}{3 - A_V}\left(\dfrac{f}{f_0} - \dfrac{f_0}{f}\right)} \tag{3-38}$$

式中，$A_V = 1 + \dfrac{R_f}{R_1}$，当 $f = f_0$ 时，上下限截止频率和带宽分别为

$$\begin{cases} f_L = \dfrac{f_0}{2}\left[\sqrt{(3 - A_V)^2 + 4} - (3 - A_V)\right] \\[2mm] f_H = \dfrac{f_0}{2}\left[\sqrt{(3 - A_V)^2 + 4} + (3 - A_V)\right] \end{cases} \tag{3-39}$$

$$f_{bw} = f_H - f_L = |3 - A_V|\,f_0 = \frac{f_0}{Q} \tag{3-40}$$

当然，高通和低通滤波电路可以设计不同的中频增益、品质因数。理论上，先高通再低通或者先低通再高通的级联方式没有区别，但是在实际应用中，前者可以降低总输出噪声，后者可以降低输出失调电压。

6. 由运放构成的带阻滤波电路

由运放构成的带阻滤波电路用来阻断某一连续频率的信号，也分为宽带阻和窄带阻两种。当阻断频率很窄时，通常只有一个中心频率，称为陷波电路；当阻断频率很宽时，具有两个不同的截止频率。这里主要介绍宽带阻滤波电路，其形成原理如图 3-27 所示。

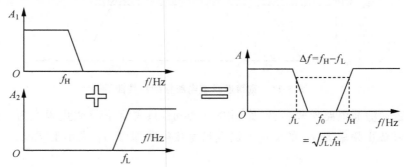

图 3-27 带阻滤波电路的形成原理

将输入信号同时作用于低通滤波电路和高通滤波电路,再将两个输出电压求和,即可得到带阻滤波电路。当然,高通滤波电路的下限截止频率 f_L 应大于低通滤波电路的上限截止频率 f_H。

由三运放构成的二阶带阻滤波电路如图 3-28 所示,左侧两个运放分别为 SK 型二阶高通、低通滤波电路,再通过右侧运放构成的求和电路实现二阶带阻功能。

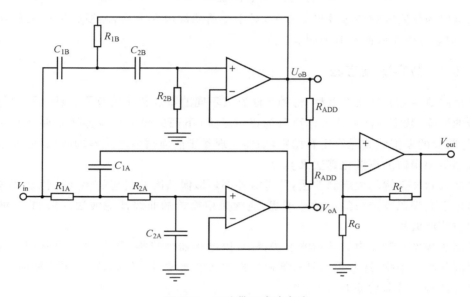

图 3-28　二阶带阻滤波电路

7. 由运放构成的全通滤波电路

全通滤波电路并非输入和输出相等,而是对于任意频率,其电压增益为常数,并且对于不同的输入信号频率具有不同的相移。

二阶全通滤波电路如图 3-29 所示,经计算,其传递函数为

$$\dot{H}(j\omega) = k \times \frac{1 - j\omega^2 C R_3 + (j\omega)^2 C^2 R_3 R_4}{1 + j\omega^2 C R_3 + (j\omega)^2 C^2 R_3 R_4} \tag{3-41}$$

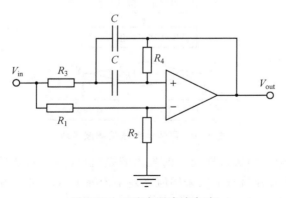

图 3-29　二阶全通滤波电路

式中, $k = \dfrac{R_2}{R_1 + R_2}$, 对标全通滤波器表达式, 可得增益和品质因数分别为

$$\begin{cases} A_V = k = \dfrac{R_2}{R_1 + R_2} \\ Q = \sqrt{\dfrac{4k}{1-k}} \end{cases} \quad (3\text{-}42)$$

该电路的品质因数和增益与 k 有关, 对于全通滤波电路而言, 品质因数应是首要考虑的因素, 增益可以在其他环节来调节。

3.2.2 数字滤波方法

常用的数字滤波方法有多种, 每种方法有其不同的特点和使用范围。针对不同类型干扰信号的滤除, 数字滤波方法大体可分为以下三类(下面的数字滤波方法主要针对抗干扰而言, 与前面的模拟滤波器作用有差别, 如要实现基于前面模拟滤波器的效果, 应通过对模拟滤波器传递函数的离散化算法来实现)。

抑制大脉冲干扰的数字滤波法: 针对由外部环境偶然因素引起的突变性扰动或仪器内部不稳定引起误码等造成的尖脉冲干扰, 通常采用简单的非线性滤波法。例如, 限幅滤波法和中位值滤波法。

抑制小幅度高频噪声的平均滤波法: 针对以电子器件热噪声、A/D量化噪声为代表的小幅度高频噪声干扰, 通常采用具有低通特性的线性滤波器。例如, 算术平均滤波法、滑动平均滤波法和一阶滞后滤波法等。

复合滤波法: 在实际应用中, 有时既要消除大幅度的脉冲干扰, 又要保证数据平滑, 常把前面介绍的两种以上的方法组合起来使用, 形成复合滤波。例如, 限幅平均滤波法和中位值平均滤波法。

下面分别对各数字滤波方法进行简要介绍。

1. 限幅滤波法

限幅滤波法又称程序判断滤波法, 其滤波原理如图 3-30 所示。

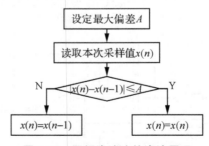

图 3-30 限幅滤波法的滤波原理

首先, 根据经验, 确定两次采样允许的最大偏差值(设为 A); 然后, 在每次采样到新值时进行判断, 如果本次采样值与上次采样值之差小于等于 A, 则本次值有效, 如果本次采样值与上次采样值之差大于 A, 则本次值无效, 放弃本次值, 用上次采样值代替本次采样值。

限幅滤波法的优点在于能有效克服偶然因素引起的脉冲干扰, 但该方法无法抑制周期

性干扰,且滤波后的数据平滑度较差。

2. 中位值滤波法

中位值滤波法的滤波原理如图 3-31 所示。

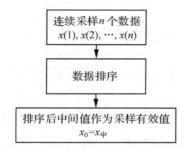

图 3-31　中位值滤波法的滤波原理

首先,对输入信号连续采样 n 次,n 一般取奇数;其次,把 n 次采样值按照大小顺序进行排序;最后,取排序后数据的中间值作为本次采样的有效值。

中位值滤波法的优点在于能有效克服偶然因素引起的波动干扰,对温度、液位等变化缓慢的被测信号有良好的滤波效果,但该方法对于流量、速度等快速变化的信号不适用。

3. 算术平均滤波法

算术平均滤波法的滤波原理如图 3-32 所示。

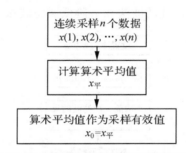

图 3-32　算术平均滤波法的滤波原理

首先,对输入信号连续采样 n 次;其次,对 n 次采样值进行算术平均运算;最后,取计算出的算术平均值作为本次采样的有效值。其中,当 n 值较大时,信号平滑度较高,但灵敏度较低;当 n 值较小时,信号平滑度较低,但灵敏度较高。

算术平均滤波法对一般具有随机干扰的被测信号有良好的滤波效果,但该方法对于测量速度较慢或要求数据计算速度较快的实时控制不适用,且比较浪费存储资源。

4. 滑动平均滤波法

滑动平均滤波法又称递推平均滤波法,其滤波原理如图 3-33 所示。

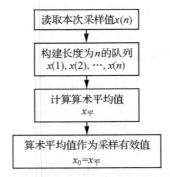

图 3-33　滑动平均滤波法的滤波原理

首先,把连续采样的 n 个采样值看成一个队列,队列的长度固定为 n;其次,将每次采样到的一个新数据放入队尾,同时扔掉原来队首的一个采样数据(先进先出原则);最后,对队列中的 n 个采样数据进行算术平均运算,并取计算出的算术平均值作为本次采样的有效值。

滑动平均滤波法对于周期性干扰有良好的抑制作用,数据平滑度较高,适用于高频振荡的系统,但该方法灵敏度低,对偶然出现的脉冲性干扰抑制作用较差,不适用于脉冲干扰比较严重的场合。

5. 一阶滞后滤波法

一阶滞后滤波法又称一阶惯性滤波法或一阶低通滤波法,其滤波原理如图 3-34 所示。

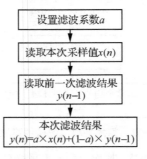

图 3-34　一阶滞后滤波法的滤波原理

首先,设置滤波系数 $a(0 < a < 1)$;其次,将本次采样值乘以滤波系数 a,同时将前一次滤波结果(采样有效值)乘以系数 $(1-a)$;最后,将两者相加,作为本次滤波结果(采样有效值)。

一阶滞后滤波法采用本次采样值与上次滤波输出值进行加权,得到有效滤波值,使得输出对输入有反馈作用,对于周期性干扰有良好的抑制作用,适用于波动频率较高的场合。但该方法相位滞后(滞后程度取决于滤波系数 a),且无法较好地兼顾灵敏度和平稳度。

6. 限幅平均滤波法

限幅平均滤波法相当于限幅滤波法、滑动平均滤波法的组合,其滤波原理简述如下:

首先,对每次采样到的新数据进行限幅处理;然后,将经过限幅处理的新数据再送入队列进行滑动平均滤波处理,并将最后的处理结果作为本次采样的有效值。

限幅平均滤波法融合了限幅滤波法、滑动平均滤波法两种滤波法的优点,对于因为偶然出现的脉冲干扰造成的采样值偏差具有良好的滤波效果,但同样比较浪费存储资源。

7. 中位值平均滤波法

中位值平均滤波法相当于中位值滤波法、算术平均滤波法的组合,又称防脉冲干扰平均滤波法,其滤波原理简述如下:

首先,连续采样 n 个数据;其次,把 n 次采样值按照大小顺序进行排序,并去掉一个最大值和一个最小值;最后,计算余下 $n-2$ 个数据的算术平均值作为本次采样的有效值。其中, n 值一般建议在 3—14 范围内取值。

中位值平均滤波法融合了中位值滤波法、算术平均滤波法两种滤波法的优点,对于因为偶然出现的脉冲干扰造成的采样值偏差具有良好的滤波效果,但测量速度较慢,且同样比较浪费存储资源。

需要指出,上面数字滤波方法通常需要有微处理器的参与。

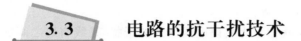

3. 3　电路的抗干扰技术

电子产品从电路设计、安装、调试完成至投入实际运行时,能否按照设计者的预想效果正常工作呢? 实际情况往往会出现使设计者感到尴尬的局面。例如,有的仪器在运行过程中会出现失控现象,且失控的频率并不固定,即失控现象有时经常出现,有时偶然出现,有时会在不同的运行环境下呈现出不同的性能水平。产生这些现象的主要原因是电子产品没有采取合理有效的抗干扰技术措施。本节将简单地讨论干扰对电路作用的模式,以及常用的抗干扰措施。

干扰对电路的作用模式有两种:差模干扰和共模干扰。

3. 3. 1　差模干扰

差模电压是指一组规定的带电导体中任意两个导体间的电压。例如,信号传输过程中的信号输入线和信号返回线之间的电压;电源的相线和中线之间、相线和相线之间的电压;等等。

差模干扰是指干扰信号为差模电压形式的干扰,是线与线之间的干扰,干扰电流在两线上的方向相反。图 3-35 描述了差模干扰的情况。图中,N 为干扰源,R 为受扰设备,V_n 为干扰电压,干扰电流 I_n 和信号电流 I_s 的往返路径在两条导线上是一致的。

差模干扰源于外来的感应磁通或电磁辐射信号在回路线间环路上所产生的感应电动势,并叠加在信号电路中形成的。差模干扰还源于同一电源的线路中,如同一线路中工作的电动机、开关及可控硅等,它们产生的干扰往返于电源线与地线之间形成差模干扰。

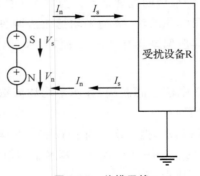

图 3-35　差模干扰

3.3.2　共模干扰

共模电压是指每个导体与规定参考点（通常是地和机壳）之间的电压。例如，信号传输过程中的信号输入线与地之间、信号返回线与地之间的电压；电源的中线与地之间、任何一相线与地之间的电压；等等。

共模干扰是指干扰信号为共模电压形式的干扰，是线与地之间的干扰，各接地干扰电流（通过接地阻抗）具有相同的方向。图 3-36 所示为干扰侵入线路和地形成共模干扰的情况。图中，干扰电流在两条线上各流过一部分，以地为公共回路，而信号电流则在往返两条导线上流过。当 $Z_1 = Z_2$ 时，处于平衡状态，理论上认为不会产生干扰，但实际上很难做到 $Z_1 = Z_2$；当 Z_1 不等于 Z_2 时，处于非平衡状态，此时就会产生共模干扰。

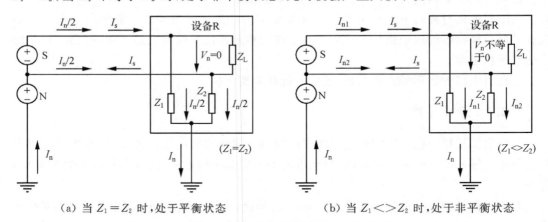

（a）当 $Z_1 = Z_2$ 时，处于平衡状态　　　　　　（b）当 $Z_1 <> Z_2$ 时，处于非平衡状态

图 3-36　共模干扰

共模干扰是以辐射或串扰形式耦合到电路中的，由于来自空间的感应对于每条导线的作用是相同的，如雷电、电弧、电台、大功率发射装置等，因此，它们在电源线上形成共模干扰。

一般情况下，线路上干扰电压的差模分量和共模分量同时存在，而且由于线路的阻抗不可能完全平衡，因此两种分量在传输中会互相转变。图 3-37 可用于解释共模干扰转换为差模干扰的原理。

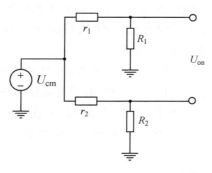

图 3-37　共模干扰转换为差模干扰

对于图 3-37 所示的常见的双线传输电路，r_1 和 r_2 分别为两传输线的内阻，R_1 和 R_2 分别为两传输线输出端（同时也是后接电路两输入端）的对地电阻。由图可见，

$$U_{\text{on}} = U_{\text{cm}} \left(\frac{R_1}{r_1 + R_1} - \frac{R_2}{r_2 + R_2} \right) \tag{3-43}$$

当 $r_1 = r_2$，$R_1 = R_2$ 时，$U_{\text{on}} = 0$，即 U_{cm} 不在输出端对信号形成干扰。

通常用共模抑制比（CMRR）来描述共模干扰转换为串模干扰的程度，其定义为

$$\text{CMRR} = \frac{U_{\text{cm}}}{U_{\text{on}}} \tag{3-44}$$

3.3.3　隔离技术

为了保证信号间的有效传输，减少信号传输过程中出现失真或干扰等不利于系统稳定的因素的影响，通常采用信号隔离技术。信号隔离即是指利用相应信号隔离器件，将输入单路（多路）电压（或电流）信号转换为原来输入前的信号或与输入成一定关系的信号，并传送给后继设备，从而切断信号输入、输出及电源之间的电气干扰。（提示：隔离技术就是切断噪声源与受扰体之间噪声通道的技术。隔离的目的既是抑制信号之间的干扰、电源之间的干扰，也是保证设备和操作人员的安全）。

根据所采用信号隔离器件和方式的不同，信号隔离可以分为变压器隔离、光电隔离、继电器隔离和布线隔离四大类，下面分别进行简要介绍。

1. 变压器隔离

变压器隔离（transformer isolation）主要是利用变压器的工作原理实现信号的隔离传输。变压器工作时其原边和副边之间独立运行，保持电气隔离，可将系统中变压器两端不同接地点的电气连接相应隔离开，从而消除系统内部由于地电位差引起的共模噪声，信号经过变压器耦合可以进行正常传输、放大等。使用交流电源变压器也是保障电气安全的重要措施。

但对于低频信号，变压器的电感需要增大，导致变压器体积增大，不利于 PCB 的优化布局，从而限制了变压器隔离的使用。

2. 光电隔离

光电隔离（photoelectric isolation）的代表即是光电耦合器，其以光为信号传输媒介，信

号输入驱动发光二极管发出相应波长的光,再由隔离端光探测器接收形成光电流,然后经后级信号放大输出。信号转化全过程为电-光-电的转换,这不仅可以实现输入、输出电信号的电气完全隔离,同时提高了信号的传输速度。

虽然光电隔离操作的灵活性、采集精度受到束缚,但可满足大多数传统的数据采集和测试任务,因而得到了市场的大力推广。此外,由于光电信号的传输为电流型及其单向性等优点,光电隔离具有良好的电气绝缘、共模抑制和抗干扰能力,故常作为终端隔离元件应用在远距离信息传输过程中,提高信噪比及系统工作的可靠性。

3. 继电器隔离

继电器隔离(relay isolation)是利用继电器工作特性,将输入线圈的通电或断电作为输入信号,并将其触点连接至电路中,通过继电器触点的开闭完成电路信号的传递,从而实现系统控制或保护的目的。

继电器在整个工作过程中,可有效避免强电信号与弱电信号之间的电气直接接触,实现输入/输出信号的电气隔离。因此,其在机电设备、机器人控制及测试测量中应用广泛。

4. 布线隔离

布线隔离(wiring isolation)是指在电路板 PCB 布线时,考虑到信号之间的串扰、过冲及噪声污染等的影响,对电路板布局布线进行优化设计的一种隔离方案。

具体设计中,常常将信号线、电源线或强电信号走线分开布局布线,从而避免微弱信号受到噪声的污染及其他强信号的干扰,实现高速电路下信号走线的隔离最大化,进而提高信号传输的完整性。

3.3.4 屏蔽技术

屏蔽技术主要是利用电磁屏蔽原理来防止外界电场或磁场对电路系统干扰的技术,一般主要有静电屏蔽、电磁屏蔽和低频磁屏蔽三种。例如,对于某些传感器电路可以增加屏蔽线,从干扰途径消除干扰信号;对于加湿器来说,由于振荡频率较高(达到 1.7 MHz),很容易形成天线效应,这时候可以采取屏蔽措施对相关电路模块进行屏蔽。

1. 静电屏蔽

静电屏蔽是指以铜或铝等导电性能良好的金属为材料,制作密闭的金属容器,并与地线连接,把需要保护的电路置于其中,使外部干扰电场不影响其内部电路,相应地,内部电路产生的电场也不会影响外部电路。例如,在传感器测量电路中,在电源变压器的初级和次级之间插入一个留有缝隙的导体,并把它接地,可以有效防止两绕组之间的静电耦合。

2. 电磁屏蔽

对于高频干扰磁场,利用电涡流原理,使高频干扰电磁场在屏蔽金属内产生电涡流,消耗干扰磁场的能量,涡流磁场抵消高频干扰磁场,从而使被保护电路免受高频电磁场的影响。

若电磁屏蔽层接地,同时兼有静电屏蔽的作用。传感器的输出电缆一般采用铜质网状屏蔽,既有静电屏蔽的作用,又有电磁屏蔽的作用。其中,屏蔽材料必须选择导电性能良好的低电阻材料,如铜、铝或镀银铜等。

3. 低频磁屏蔽

对于低频干扰磁场,这时的电涡流现象不太明显,只用上述方法抗干扰效果并不太好,必须采用高导磁材料作屏蔽层,以便把低频干扰磁感线限制在磁阻很小的磁屏蔽层内部,使被保护电路免受低频磁场耦合干扰的影响。例如,传感器检测仪器的铁皮外壳就起低频磁屏蔽的作用。若进一步将其接地,又同时起静电屏蔽和电磁屏蔽的作用。

基于以上三种常用的屏蔽技术,对于电磁干扰比较严重的地方,可以采用复合屏蔽电缆,即外层采用低频磁屏蔽层,内层采用电磁屏蔽层,达到双重屏蔽的作用。

另外,为了抑制电磁场对信号线的干扰,应避免使用平行电缆,而采用同轴电缆或双绞线。

3.3.5　接地技术

接地原意指与真正的大地连接以提供雷击放电的通路,后来成为为电气设备和电力设施提供漏电保护的放电通路的技术措施。通常电路和用电设备的接地按其功能分成两大类:安全接地和信号接地,如果接地不当就会引入电磁干扰。

安全接地也称保护接地,一方面,是指采用低阻抗的导体将用电设备的外壳连接到大地上,使操作人员不致因设备外壳漏电或故障放电而发生触电危险;另一方面,安全接地还包括建筑物、输电线铁架、高大电力设备的接地,如避雷针与避雷器等,其目的是防止雷击放电造成设施破坏和人身伤亡。

对于安全接地而言,无论是自然接地体还是人工接地体,都必须根据接地电阻的要求来选择,一般接地电阻应小于 10 Ω。但根据不同的应用场合应有所区别:设备接地电阻一般应在 10 Ω 以下;对于 1 000 V 以上的电力线路,其接地电阻要求小于 0.5 Ω;防雷接地电阻一般要求为 10—25 Ω;对于建筑物单独装设的避雷针的接地电阻可低于 25 Ω。

信号接地就是在系统和设备中,采用低阻抗的导线(或地平面)为各种电路提供具有共同参考电位的信号返回通路,使流经该地线的各电路信号电流互不影响。信号接地的主要目的是抑制电磁干扰,因此必须以电磁兼容性为目标选择接地方式。根据各种电路接地点的连接方式不同,通常可以分为单点接地、多点接地、混合接地和悬浮接地四类。

1. 单点接地

单点接地只有一个接地点,所有单元电路的接地线都连接到一点上,这个点作为参考电位点。三个单元电路的单点接地方式如图 3-38 所示。

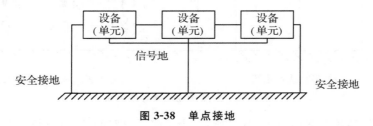

图 3-38　单点接地

采用不同的连接形式,单点接地方式有两种不同的布线方案,如图 3-39 所示。

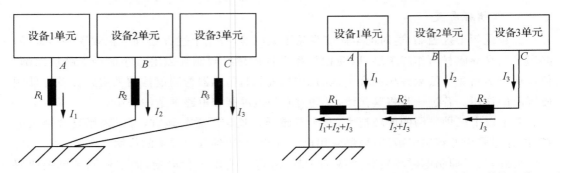

（a）独立地线并联一点接地的等效电路　　（b）共用地线串联一点接地的等效电路

图 3-39　不同布线方案实现单点接地的等效电路

对于独立地线并联一点接地的接地方案而言,各设备单元(或各支路)的地电位仅与各自的地电流 I 及地线电阻有关,不受其他电路的影响。该方案对防止各电路之间的相互干扰及地回路干扰非常有效,特别是在电路频率较低、连接导线比较短的场合,经常采用这种接地方式。它的缺点是不适用于高频电路。对于并列设备单元(或支路)很多的情况,需要很多根连接地线,结构笨重。设备越多,势必导致布局分散,就会使地线导线加长,引起阻抗增加,还会由于各地线间相互耦合,使线间电感耦合和电容耦合增大。

对于共用地线串联一点接地的接地方案而言,其结构比较简单,各电路的接地线短,电阻较小,所以在设备机柜中是常用的一种接地方式。当然如果各电路的地线中电流相差很大时就不能使用该种方式,因为各电路会通过接地线相互影响。此外,当采取这种接地方式时还必须注意要把最低电平电路放在最靠近接地点的 A 处,以降低对 B 点及 C 点的电位的影响。

2. 多点接地

多点接地是指设备中各单元电路直接连接到地线上,有多个接地点,其结构如图 3-40(a)所示。对于高频电路,为了降低地线阻抗,一般均采用多点接地方式,对各单元地线分别连至最近的低阻抗地线上。其中,地线系统一般是与机壳相连的扁、粗金属导体或机壳本身,其感抗很小。

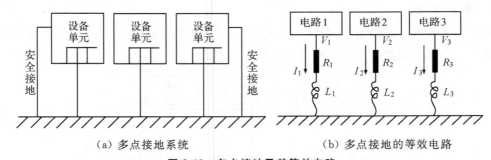

（a）多点接地系统　　　　　　（b）多点接地的等效电路

图 3-40　多点接地及其等效电路

多点接地的等效电路如图 3-40(b)所示,为了降低电路的地电位,每个电路的地线应尽可能缩短,以便降低地线阻抗。为了减少电阻,常用矩形截面导体作地线带,通常还在地线上镀银,以提高其表面电导率。

对于多点接地系统而言,其优点是电路构成比单点接地简单,而且由于接地线短,接地线上可能出现的高频驻波现象显著减小。但由于多点接地后,设备内部会增加许多地线回路,它们对较低电平的电路会引起干扰,从而带来不良影响。

3. 混合接地

对于某些电路系统而言,既有高频部分,又有低频部分。此时应分别对待,低频电路采用单点接地,高频电路需多点接地,这种接地体系即称为混合接地。图 3-41 所示为一可免除低频地电流环路的混合接地示意图。

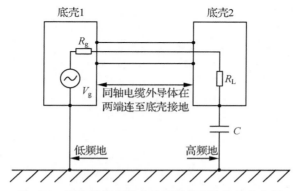

图 3-41　可免除低频地电流环路的混合接地示意图

图 3-37 表明,采用这种接地方式的电路,其中激励电路与传感电路的底壳一定要接地,而同轴电缆的屏蔽体应在两端连至底壳接地。此处一个对地的电容可免除低频地电流环路。在高频时电容产生低阻抗而电缆屏蔽体则被接地。因此,这一电路可同时实现低频时的单点接地及高频时的多点接地。实际用电设备的情况比较复杂,很难通过某一种简单的接地方式解决问题,故混合接地系统应用更为普遍。

4. 悬浮接地

悬浮接地就是将电路或设备的信号接地系统与结构地或其他导电物体相隔离,如图 3-42 所示。图中列举了三个设备单元,它们内部都各有自己的参考"地",并通过低阻抗导线连接到信号地,但信号地与建筑物结构地及其他导电物体隔离。

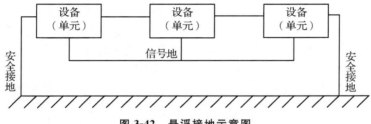

图 3-42　悬浮接地示意图

采用悬浮接地的连接方式可使地中存在的干扰电流不致传导耦合到信号电路。但对于高频电路而言,很难实现真正的悬浮接地。特别是当悬浮接地系统靠近高压线时,可能堆积静电荷,形成危害,或引起静电放电,形成干扰电流。此外,雷击、电源漏电都可能在机壳与信号系统之间产生电火花。因此,除了防止结构地线或附近导体有大干扰电流流动影响信号系统外,一般不采用悬浮接地的接地方式。

第4章

模数、数模转换技术

    电子技术应用中经常会涉及模拟信号的采集、储存，即模数（A/D）转换，以及将数字信号还原成模拟信号输出，即数模（D/A）转换。例如，智能化测控仪表要完成对外界被测参数的采集并通过输出控制量（电压/电流）对某些参数的变化进行所希望的控制。完成这些测量与控制任务的过程如图 4-1 所示，本章将讨论模数和数模转换技术及应用。

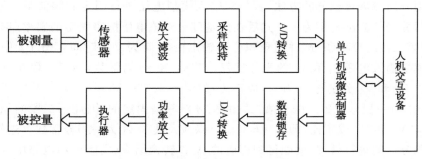

图 4-1 智能化测控仪表的工作过程

4.1 模数转换原理

    外界的各种非电学量通过传感器转变为电信号，通常这些信号很小，需要经过放大电路进行放大，再经过滤波电路滤除噪声。这种输入信号是随时间连续变化的模拟量，通过采样保持电路进行离散化，形成采样信号，再经过模拟/数字（A/D）转换器量化，转换为数字信号（数字序列）。如果输入模拟信号的变化速度比 A/D 转换速度慢得多，则可以省去采样保持器，直接进行 A/D 转换。单片机对这些数字信号进行各种计算和处理，将信号的变化进行显示和记录，并按照一定控制算法得到相应的控制输出。

    将模拟信号转换为数字信号有多种方法。随着大规模集成电路技术的飞速发展，出现了很多 A/D 转换器（简称 ADC）新的设计思想和制造技术，大量结构不同、性能各异的A/D转换电路应运而生。以下介绍几种常见的 A/D 转换技术。

4.1.1 双积分式 A/D 转换法

双积分式 A/D 转换器是一种高精度、低速度的转换器件,在各种实时性要求不高的测量仪表中有广泛的应用。双积分式 A/D 转换的原理可以用图 4-2 来说明。

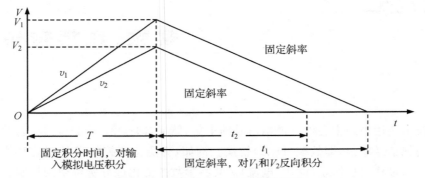

图 4-2 双积分式 A/D 转换的原理

它采用分两段进行积分的方法,首先对输入模拟电压进行固定时间的第一段积分,积分结束后积分器的输出电压为 V。然后在此基础上对该电压按照固定的斜率(取决于参考电压)进行第二段的反向积分,并记录积分器输出由 V 降为 0 的时间。图 4-2 中画出了对应于两个模拟输入电压 v_1 和 v_2 的积分过程。若 v_1 和 v_2 为常数,则第一段积分结束后积分器的输出 V_1 和 V_2 分别与 v_1 和 v_2 成正比,即 $V_1 = k_1 T v_1$,$V_2 = k_1 T v_2$。其中 T 为固定的积分时间,k_1 为一积分常数。由于第二段的积分斜率是固定的,因此第二段的积分时间 t_1 和 t_2 分别与 V_1 和 V_2 成正比,即 $t_1 = k_2 V_1$,$t_2 = k_2 V_2$,其中 k_2 为一积分常数。这样,只要对第二段的积分时间进行处理,就能得到相应的 A/D 转换结果(实际应用电路中为了消除系统误差,采用正反向计数法,即对第一段进行加计数,对第二段进行减计数)。实现双积分式 A/D 转换的电路结构如图 4-3 所示。

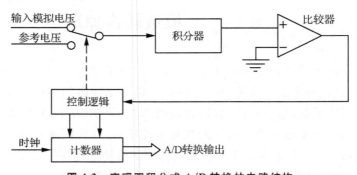

图 4-3 实现双积分式 A/D 转换的电路结构

4.1.2 逐次逼近法

在介绍该方法之前,先来看一下用一般比较法实现 A/D 转换的原理。如图 4-4 所示,转换器由时钟、计数器、D/A 转换器、比较器及锁存器所组成。初始状态下计数器的计数值为 0,相应的 D/A 转换结果也为 0。而模拟输入电压 $V_{in} \geqslant 0$,则比较器的输出为 1。随着计数值的增加，D/A 转换器的输出 V_{out} 也会逐步增加。当 V_{out} 稍大于 V_{in} 时，比较器的输出变为 0。利用这一信号将计数器的计数值装入锁存器，锁存器的输出即为相应模拟量输入的 A/D 转换结果。同时，该信号还将计数器清"0"，启动下一次的转换。上述电路能够可靠地实现 A/D 转换，但缺点是转换时间随模拟输入信号大小的变化而变化。输入信号越大，转换时间越长。在 8 位转换精度下最长转换时间为 256 个时钟周期，即比较 256 次，这给实际使用带来很多不便。解决这一问题的办法是采用逐次逼近法。

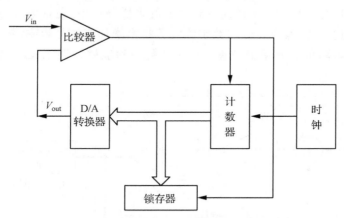

图 4-4 一般比较式 A/D 转换的电路结构

逐次逼近式 A/D 转换的电路结构如图 4-5 所示。该电路与图 4-4 基本相同，只是用逐次逼近寄存器代替了计数器，另外增加了相应的控制电路。逐次比较转换是一个对分搜索的过程，其具体的操作过程如下：首先由 START 信号启动转换，逐次逼近寄存器将最高位置"1"，其余位均为"0"。此时 D/A 转换器的输出 V_{out} 为满量程的 1/2。比较器将 V_{out} 与模拟输入信号 V_{in} 相比较，若 V_{out} 小于 V_{in}，则保持最高位为"1"；反之，则使该位清"0"。这样就确定了输入信号是否大于满量程的 1/2。假设 V_{in} 小于满量程的 1/2，然后再将次高位置"1"，此时 D/A 转换器的输出为 1/4 满量程，这样便可以根据比较器的输出判断 V_{in} 是否大于 1/4 满量程。依此类推，8 位精度的 A/D 转换只需要 8 次比较即可完成。比较完成后控制器输出转换结束信号 EOC(end of conversion)，将逐次逼近寄存器的内容送入锁存器作为转换结果输出。

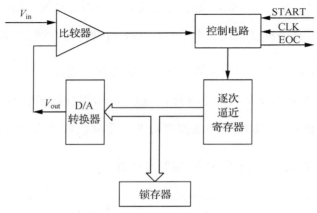

图 4-5 逐次逼近式 A/D 转换的电路结构

逐次逼近法 A/D 转换电路较简单,制作相对容易,精度与转换速度居中,具有较高的性能与价格比,因而得到广泛的应用。

4.1.3　∑-Δ 转换法

∑-Δ 转换法是近年来应用较多的新型 A/D 转换技术。它由非常简单的模拟电路(一个比较器、一个开关、一个或几个积分器及模拟求和电路)和十分复杂的数字信号处理电路组成。其工作原理是以很高的采样速率和很低的采样分辨率(通常为 1 位)将模拟信号数字化。通过使用过采样、噪声整形和数字滤波等技术增加有效分辨率,然后对转换输出结果进行采样抽取以降低有效采样速率。图 4-6 是一种能够说明∑-Δ 转换法原理的电路结构。

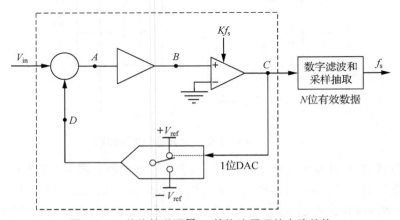

图 4-6　一种能够说明∑-Δ 转换法原理的电路结构

图 4-6 中虚线框内是所谓的∑-Δ 调制器。它以高于数据输出速率 K 倍的采样速率 Kf_s 将输入模拟信号转换为由 1 和 0 所构成的连续串行数据流。1 位 DAC 实际上是一个开关,由上述串行数据流驱动,其输出以负反馈方式与输入信号求和。由反馈控制理论可知,若反馈环路的增益足够大,∑-Δ 调制器的输出平均值(串行数据流)接近输入信号的平均值。

一阶∑-Δ 调制器的工作原理还可以用图 4-7 所示的信号波形来描述,其中 A、B、C、D 各点对应于图 4-6 的位置。图 4-7(a)是输入电压 $V_{in}=0$ 时的情况,输出为等间隔的 0,1 相间的数据流。如果数据滤波器对每 8 个采样值取平均,所得到的输出值为 $\frac{4}{8}$,这个值正好是 3 位双极性输入电压为 0 时的转换值。图 4-7(b)是输入电压 $V_{in}=\frac{V_{ref}}{4}$ 时的情况,此时模拟求和电路的输出 A 点的正负幅度不对称,引起正反向积分斜率不等,于是调制器输出 1 的个数多于输出 0 的个数。如果数字滤波器对 8 个采样值取平均,则得到的输出值为 $\frac{5}{8}$,这个值正好是 3 位双极性输入电压为 $\frac{V_{ref}}{4}$ 时的转换值。

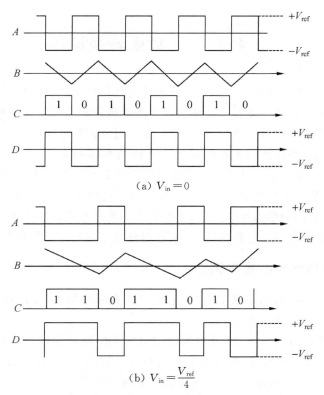

（a）$V_{in} = 0$

（b）$V_{in} = \dfrac{V_{ref}}{4}$

图 4-7　一阶 $\sum$-Δ 调制器的工作原理

$\sum$-Δ 调制器在转换过程中还起着对量化噪声整形的作用。数字滤波器的作用有两个：一是相对于最终采样速率，它必须起到抗混叠滤波器的作用；二是它必须滤除 $\sum$-Δ 调制器在噪声整形过程中所产生的高频噪声。为了得到良好的效果，通常采用多阶 $\sum$-Δ 调制器和高阶滤波器。$\sum$-Δ 转换法能实现高速和高精度的转换，因而近年来得到了广泛的应用。

以下对基于上述三类 A/D 转换法的 A/D 转换器进行简要对比。

双积分法的优点是成本比较低，精度相对较高，抗干扰能力强。由于积分电容的作用，能够大幅抑制高频噪声，转换速度太慢，精度随转换速率的增加而降低，因此在低速、高精度测量领域有着广泛的应用。

逐次逼近法的优点是电路结构简单，转换速度较快，可以达到 100 万次/s，但是对于高精度的模数转换电路，需要高精度的电阻和电容匹配网络，故精度不会很高。在低精度（<12 位）时价格便宜，但在高精度（>12 位）时价格很高。因此，在中高速数据采集系统、在线自动检测系统、动态测控系统等领域有着广泛的应用。

$\sum$-Δ 转换法的优点是成本低，线性度好，分辨率高，转换速率高，高于双积分法；内部利用过采样技术和抽取滤波技术，降低了对传感器信号进行滤波的要求。因此，在高分辨率的中低频（低至直流）测量、数字音频电路、数字仪表、工业自动化控制等领域有着广泛的应用。

4.2 数模转换原理

电子技术应用中经常需要将数字信号转换成与之相对应的模拟信号,然后通过功率放大后输出,如数字语音信号的播放。某些情况下需要将数字信号转换成模拟信号后传送给控制芯片,由控制芯片驱动执行机构,调节被控制的对象向所希望的方向变化,从而实现运动机构的程序控制,这些功能的实现均需要采用 D/A 转换技术。

D/A 转换器通常由数码寄存器、模拟电子开关电路、解码网络、求和电路及基准电压几部分组成。数字量以串行或并行方式输入,存储于数码寄存器中,数字寄存器输出的各位数码分别控制对应位的模拟电子开关,使数码为 1 的位在位权网络上产生与其权值成正比的电流值,再由求和电路将各种权值相加,即得到数字量对应的模拟量。

4.2.1 数模转换器的基本原理

按解码网络结构的不同,D/A 转换器有倒 T 型电阻网络 D/A 转换器、T 型电阻网络 D/A 转换器和权电流 D/A 转换器等。

实现 D/A 转换的方法有多种,最为常用的是电阻网络转换法。电阻网络转换法的实质是根据数字量不同位的权重,对各位数字量对应的输出进行求和,其结果就是相应的模拟输出。图 4-8 是 4 位二进制 D/A 转换的典型电路原理图。

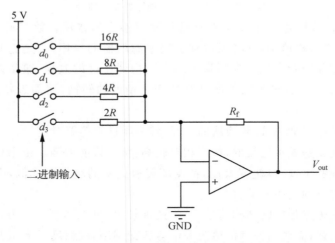

图 4-8 4 位二进制 D/A 转换的典型电路原理图

由于各输入电阻按照 8:4:2:1 的比例配置,根据运算放大器的工作原理,放大器输入电流应为通过各个电阻的电流之和。而通过各电阻的电流又是由各位二进制数字所对应的开关所控制的。放大器的输出电压应为

$$V_{out} = \left(\frac{d_0}{16R} + \frac{d_1}{8R} + \frac{d_2}{4R} + \frac{d_3}{2R} \right) \times R_f \times V_{ref} \tag{4-1}$$

式中,V_{ref} 为参考电压,d_0—d_3 为输入的二进制数字,其取值为 0 时相应的开关断开。实际

电路中的开关是 CMOS 电子开关。由此可见，增加输入电阻的数量，就可以增加 D/A 转换的精度。若要求 8 位精度，则需要 8 个输入电阻，最大的电阻为 2^8R，最小的电阻为 $2R$。在位数较多的情况下，权电阻的阻值分散性增大，在制作集成电路时比较困难。因此，在实际应用中一般不用这种 D/A 转换电路，而采用 T 型电阻网络。

4.2.2　T 型电阻网络 D/A 转换基本原理

T 型电阻网络 D/A 转换原理图如图 4-9 所示。

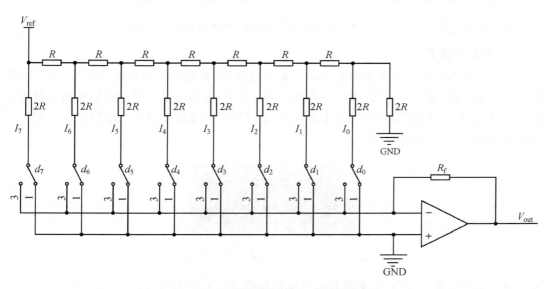

图 4-9　T 型电阻网络 D/A 转换原理图

T 型电阻网络采用分流的原理实现对输入数字量的转换。在图 4-9 中把运放的反向输入端看作虚地，则各个节点 d_0—d_7 对地的等效电阻都是 R。如果开关状态如图 4-9 所示，则流经各个开关的电流大小满足如式(4-2)所示关系：

$$I_0 = \frac{I_1}{2}, I_1 = \frac{I_2}{2}, I_2 = \frac{I_3}{2}, I_3 = \frac{I_4}{2}, I_4 = \frac{I_5}{2}, I_5 = \frac{I_6}{2}, I_6 = \frac{I_7}{2}, I_7 = \frac{V_{ref}}{2R} \qquad (4-2)$$

取反馈电阻 R_f 等于输入电阻 R，则输出电压为

$$V_{out} = -V_{ref}\left(\frac{1}{2}d_7 + \frac{1}{4}d_6 + \cdots + \frac{1}{256}d_0\right) \qquad (4-3)$$

式中，d_0—d_7 为各个开关对应的数字量，开关接地取 0，开关接运放"—"端（连到 R_f 端）取 1。因此，d_0—d_7 可看作 8 位二进制数字 D，对应的模拟量输出电压为

$$V_{out} = -V_{ref}\left(\frac{d_7 d_6 \cdots d_0}{256}\right) = -V_{ref}\left(\frac{D}{256}\right) \qquad (4-4)$$

其中，最高位 d_7 称为 MSB(maximum significant bit)，最低位 d_0 称为 LSB(least significant bit)，D 的取值为 0—255。如要使得输出的模拟量电压 V_{out} 与 V_{ref} 极性相同，则还需要加反相放大器。

 **模数、数模转换技术的综合应用**

通过对应变式电子秤和函数发生器两个实例的展开,详细介绍 A/D 和 D/A 转换器的实际应用。

4.3.1 应变式电子秤

常规应变式电子秤主要包含称重传感器和信号处理电路两个部分。

1. 称重传感器

称重传感器可以实现非电学量到电学量的转换,其核心元件为电阻应变片,电阻应变片一般由敏感栅、基底和盖层、引线三部分组成。其中,金属电阻应变片的敏感栅一般为金属丝、金属箔和金属薄膜,以此制成金属丝式、金属箔式和金属薄膜式电阻应变片。图 4-10 所示为常用金属箔式电阻应变片。

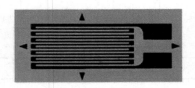

图 4-10 金属箔式电阻应变片的外形

基于金属电阻应变效应,敏感栅的电阻值随着它所受的机械变形(拉伸或压缩)的大小发生相应的变化。由物理学已知,金属电阻的阻值可表示为

$$R = \rho \frac{L}{S} \qquad (4\text{-}5)$$

式中,R 为电阻值,ρ 是电阻率,L 是金属丝的长度,S 是金属丝的横截面积。

当电阻应变片受拉伸后,其电阻的相对变化 $\frac{\Delta R}{R}$ 与应变 ε_x 成正比,即 $\frac{\Delta R}{R} = K_s \varepsilon_x$,其中,$K_s$ 为应变片灵敏度系数。

在使用过程中,将电阻应变片粘贴在弹性元件表面。当弹性元件由于受称重物体的重力作用而发生形变时,粘贴在其上的电阻应变片的电阻值会发生变化。将四个电阻应变片 R_1、R_2、R_3、R_4 连接成惠斯通电桥(图 4-11)。在激励电压 V_{in} 的作用下,电桥的输出信号 V_{out} 为

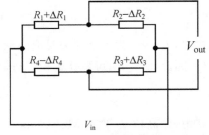

$$V_{out} = V_{in} \frac{R_1 R_3 - R_2 R_4}{(R_1 + R_2)(R_3 + R_4)} \qquad (4\text{-}6)$$

图 4-11 全桥测量电路示意图

若所有应变片的电阻相等,即 $R_1 = R_2 = R_3 = R_4$,在未施加应力的情况下,不会产生 ΔR_1、ΔR_2、ΔR_3 和 ΔR_4,此时电桥处于平衡状态,输出电压 V_{out} 为零。当电阻应变片因受外

力导致电阻变化时,如 R_1 和 R_3 阻值增加而 R_2 和 R_4 阻值减少,电桥将处于不平衡状态,输出电压 V_{out} 不为零,并正比于电阻的相对变化。

由于电阻应变片的结构所致,R_1 和 R_3 在受到外力时产生相同的应变,即同时被拉伸或同时被压缩,同理 R_2 和 R_4 在受到外力时也会产生相同的应变。在差动电桥结构中,由于 R_1 和 R_3 处于相对的桥臂上产生相同的应变,因此 $\Delta R_1 = \Delta R_3$;而 R_1 和 R_2 位于相邻桥臂上,感受到相反的应变,所以 $\Delta R_1 = -\Delta R_2$。同理,R_4 和 R_2 处于相对的桥臂上,产生相同的应变,$-\Delta R_4 = -\Delta R_2$;而 R_4 和 R_3 位于相邻桥臂上,感受到相反的应变,所以 $-\Delta R_4 = \Delta R_3$。在激励电压 V_{in} 的作用下,电桥的输出电压 V_{out} 为

$$V_{out} = V_{in} \frac{(R_1 + \Delta R_1)(R_3 + \Delta R_3) - (R_2 - \Delta R_2)(R_4 - \Delta R_4)}{(R_1 + \Delta R_1 + R_2 - \Delta R_2)(R_3 + \Delta R_3 + R_4 - \Delta R_4)} \tag{4-7}$$

假设所有应变片的初始电阻 $R_1 = R_2 = R_3 = R_4 = R$,则输出电压 V_{out} 可以简化为

$$V_{out} = V_{in} \frac{\Delta R}{R} = V_{in} K_s \varepsilon_x = \frac{V_{in} K_s}{SE} F \tag{4-8}$$

式中,K_s 为应变片灵敏度系数,S 为应变片截面积,E 为应变片弹性模量,V_{in} 为激励电压,F 为被测力。

如图 4-12(a) 所示是量程为 1 kg 的梁式称重传感器,一端为固定端,一端为受力端,中心变形孔处粘贴了四片电阻应变片组成全桥差动电路,以四根引线引出,通常红线(正)和黑线(负)是电源线,绿线(正)和白线(负)是信号线。如图 4-12(b) 所示是对应桥路及引线示意图。

(a) 梁式称重传感器的外形　　　　　　(b) 梁式称重传感器对应桥路及引线

图 4-12　称重传感器实物图和电路图

2. 信号处理电路

信号处理电路主要用来对称重传感器产生的电压信号进行放大,并转换成可以被 A/D 转换器接收的信号,最终送至微处理器进行处理。通常采用具有较高共模抑制比和较高输入阻抗的仪表放大器电路,具体如图 4-13 所示。

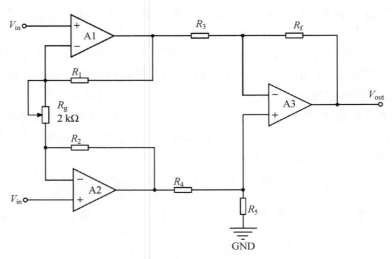

图 4-13 仪表放大器电路

仪表放大器电路由两级差分放大器电路构成,其中前级放大器由两个同相比例运算电路 A1、A2 构成,采用同相差分输入可以大幅度提高电路的输入阻抗,减小电路对微弱输入信号的衰减。后级放大器采用差动比例运算电路 A3 将双端信号转换为单端信号输出。工作时,称重传感器输出的电压信号经前级放大器初步放大后进入后级放大。当 $R_1 = R_2$, $R_3 = R_4$, $R_f = R_5$ 时,图 4-13 电路的增益为

$$G = \left(1 + 2\frac{R_1}{R_g}\right)\frac{R_f}{R_3} \tag{4-9}$$

为实现高分辨率数字信号的输出,通常将仪表放大器与 $\sum$-Δ 式 A/D 转换器配合使用。在此,以一片常用的 A/D 转换芯片 AD620 为例。

AD620 是一款成本低、精度高的仪表放大器,仅需要一个外部电阻来设置增益,增益范围为 1—10 000。AD620 具有精度高(最大非线性度 40 ppm)、失调电压低(最大 50 μV)和失调漂移低(最大 0.6 μV/℃)的特性,是电子秤和传感器接口等精密数据采集系统的理想之选。此外,AD620 还具有噪声低、输入偏置电流低和功耗低等特性,使之非常适合心电图(electrocardiogram,ECG)无创血压监测仪等医疗应用。

AD620 芯片的引脚分布如图 4-14 所示。

通过电阻 R_G 来调整 AD620 的增益,即通过引脚 1 与引脚 8 之间存在的阻抗实现增益调节。需要注意的是,当增益 $G = 1$ 时,R_G 引脚不连接($R_G = \infty$)。对于其他增益,可用式(4-10)计算 R_G:

$$R_G = \frac{49.4 \text{ k}\Omega}{G - 1} \tag{4-10}$$

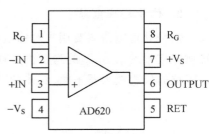

图 4-14 AD620 芯片的引脚分布

表 4-1 列出了常规增益所要求的 R_G 值。

表 4-1　常规增益所要求的 R_G 值

1% 标准表 R_G 值/kΩ	计算得到的增益值	0.1% 标准表 R_G 值/kΩ	计算得到的增益值
49.9	1.990	49.3	2.002
12.4	4.984	12.4	4.984
5.49	9.998	5.49	9.998
2.61	19.93	2.61	19.93
1.00	50.40	1.01	49.91
0.499	100.0	0.499	100.0
0.249	199.4	0.249	199.4
0.100	495.0	0.098 8	501.0
0.049 9	991.0	0.049 3	1 003.0

为使增益误差最小,应避免产生与 R_G 串联的高寄生电阻。同时,为使增益漂移最小, R_G 应具有低温度系数 T_C (小于 10 ppm/℃),才能获得最佳性能。

如图 4-15 所示是基于 AD620 的 3 kΩ 压力监测仪电路原理图,其中 R_G = 499 Ω,即增益 G = 100。压力传感器输出的电压送至 AD620 进行放大,并进一步送至 A/D 转换器进行模数转换,最终将转换后的数字量予以输出。其中,AD705 的作用是电压跟随,作模拟地与 ADC 相连。

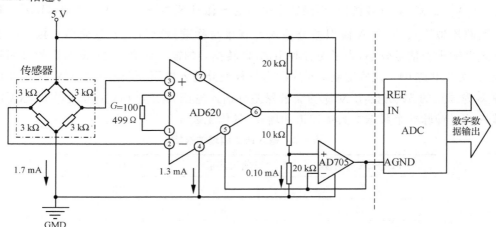

图 4-15　压力监测仪电路原理图

综上,仪表放大器不仅可实现小电压信号的有效放大,还可以获得高精度的 A/D 采样。

为提高用户使用的方便性,进一步缩小电子产品的体积、重量,提高产品性能及降低制造成本,现今较多产品已直接将仪表放大器置于 A/D 转换器芯片之中。在此,以海芯科技(厦门)有限公司生产的 HX711 芯片为例。

HX711 为一款专为高精度电子秤而设计的 24 位 A/D 转换器芯片,该芯片集成了包括稳压电源、片内时钟振荡器等其他同类型芯片所需要的外围电路,具有集成度高、响应速度快、抗干扰强等优点,其原理框图如图 4-16 所示。

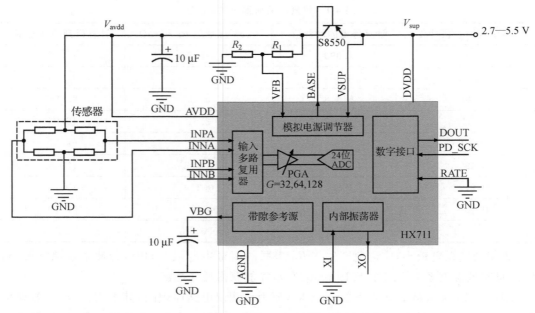

图 4-16　HX711 芯片原理框图

　　称重传感器输出信号送至 HX711 芯片中的可编程增益放大器(PGA)，经放大后送至 24 位的 $\sum$-Δ 式 A/D 转换器，再经数字接口送至微处理器进行处理。其中，HX711 芯片具有两路模拟输入，通道 A 模拟差分输入可直接与称重传感器的差分输出相接。由于称重传感器输出的信号较小，为了充分利用 A/D 转换器的输入动态范围，该通道的可编程增益较大，为 128 或 64。这些增益所对应的满量程差分输入电压分别为 ±20 mV 或 ±40 mV。通道 B 为固定的 32 增益，所对应的满量程差分输入电压为 ±80 mV。可通过 PD_SCK 引脚读入的时钟脉冲个数选择具体通道和增益，具体见表 4-2。

表 4-2　输入通道和增益选择

PD_SCK 脉冲数	输入通道	增益
25	A	128
26	B	32
27	A	64

图 4-17 所示为 HX711 芯片的外形。

图 4-17　HX711 芯片的外形

基于 HX711 芯片设计的应变式电子秤硬件原理图如图 4-18 所示。

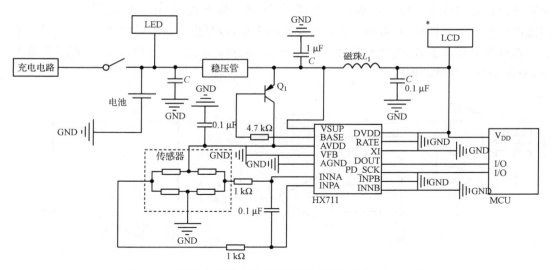

图 4-18　基于 HX711 芯片设计的应变式电子秤硬件原理图

4.3.2　函数发生器

函数发生器是一种多波形的信号源。它可以产生正弦波、方波、三角波、锯齿波,甚至任意波形。通过把各类波形所对应的数据存放在存储器中,然后根据需要的信号频率依次取出波形数据送到 D/A 转换器中,产生所需的信号波形,再经滤波并在模拟放大电路中加上增益调整电路,就能改变信号的幅度。在此以 DAC0832 转换器为例,介绍正弦函数 $U(t)=U_m\sin 2\pi ft$ 的波形产生过程。

首先要建立波形数据表,由于 DAC0832 为 8 位数字输入,其输出精度为 $1\text{LSB}=\dfrac{V_{ref}}{2^8}=$ $\dfrac{V_{ref}}{256}$,因此需要把每个周期平均分成 256 个区间,每个区间间隔 $\Delta T=\dfrac{T}{256}$。在 ΔT 区间内,$U(t)$ 的值为常数,即

$$0\leqslant t\leqslant\Delta T,U(t)=U_m\sin(0)$$
$$\Delta T\leqslant t\leqslant 2\Delta T,U(t)=U_m\sin(2\pi f\times\Delta T)$$
$$2\Delta T\leqslant t\leqslant 3\Delta T,U(t)=U_m\sin(2\pi f\times 2\Delta T)$$
$$\cdots$$
$$n\Delta T\leqslant t\leqslant(n+1)\Delta T,U(t)=U_m\sin(2\pi f\times n\Delta T)$$

由于 $f=\dfrac{1}{T}=\dfrac{1}{256\times\Delta T}$,所以

$$U(t)=U_m\sin\left(\dfrac{2\pi n}{256}\right)=U(n)$$

通常正弦信号的电压峰值恒定,如设 $U_m=256$ mV,则可以用程序存储器的 256 个字节来存储 n 等于不同数值时对应的电压 $U(n)$,最小分辨率为 1 mV。输出信号的频率取决于 ΔT,因此改变 ΔT,即可得到不同的输出频率。

　　由于 DAC0832 内部产生的是电流,所以需将该电流信号转换成电压信号输出,可通过运算放大器来实现这一转换。如图 4-19 所示,通过一级运放 A_1 可以将电流转换成电压,但是由于该电压幅度较小,再加上各种内外部的干扰,需要借助二级运放 A_2 对产生的电压信号进行放大和滤波,以此产生较为完整的波形。其中,A_1、A_2 可选用 LM358 双运算放大器,使其工作于双电源模式。

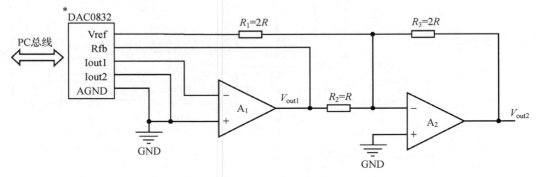

图 4-19　DAC0832 双极性接口电路

　　该电路采用双极性电压输出方式,其中 $R_3 = R_1 = 2R_2$,即 R_1 和 R_3 的取值是 R_2 的 2 倍。对 A_2 的反相输入节点求节点电流,有

$$\frac{V_{\text{out2}}}{2R} + \frac{V_{\text{ref}}}{2R} = \frac{V_{\text{out1}}}{R}$$

得 $V_{\text{out2}} = 2V_{\text{out1}} - V_{\text{ref}}$,其中,$V_{\text{out1}} = V_{\text{ref}} \times \dfrac{D}{256}\left(\dfrac{D}{256} \text{是 } A_1 \text{ 输入}\right)$。代入上式,得

$$V_{\text{out2}} = 2V_{\text{ref}} \times \frac{D}{256} - V_{\text{ref}} = \left(\frac{2D}{256} - 1\right) \times V_{\text{ref}}(D \text{ 取 } 0\text{—}255)$$

当 $D = 0$ 时,$V_{\text{out2}} = -V_{\text{ref}}$;

当 $D = 128$ 时,$V_{\text{out2}} = 0$;

当 $D = 255$ 时,$V_{\text{out2}} = \left(2 \times \dfrac{255}{256} - 1\right) \times V_{\text{ref}} \approx V_{\text{ref}}$

　　即输入数字为 0—255 时,输出电压在 $-V_{\text{ref}}$—$+V_{\text{ref}}$ 之间变化,从而实现正弦信号正负值的输出。

　　由上式可知,DAC0832 的最大输出电压由输入的基准电压 V_{ref} 来控制,即可通过控制 D/A 的基准电压来控制信号的输出幅度,因此只需在 D/A 转换器基准电压上加上另一片 DAC0832 的输出,便可以方便地改变输出正弦信号的幅度。图 4-20 所示为利用两片 DAC0832 实现输出信号幅度控制的硬件连接电路,其中第一片 D/A 用来输出信号,第二片 D/A 用来控制第一片 D/A 的基准电压。

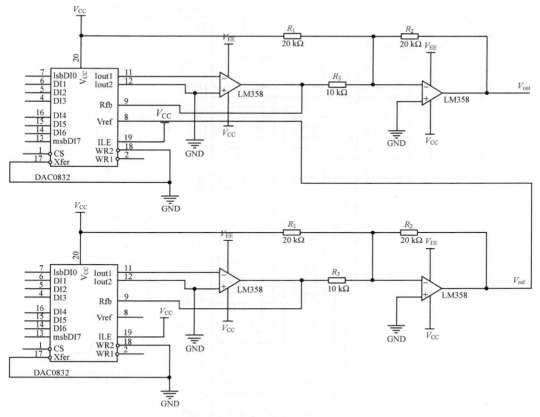

图 4-20 两片 DAC0832 硬件连接电路

DAC0832 转换器具有单缓冲、双缓冲、直通三种工作模式。本电路要求其既进行幅度调整，又进行信号输出，因此采用双缓冲器工作方式。DAC0832 工作于双缓冲器工作方式时，数字量的输入锁存和 D/A 转换是分两步完成的。首先，MCU 的数据总线分时地向各路 D/A 转换器输入要转换的数字量并锁存在各自的输入锁存器中；然后，MCU 对所有的 D/A 转换器发出控制信号，使得各输入锁存器中的数据送至 DAC 寄存器，实现同步转换输出。

需要注意的是，DAC0832 转换器仅是一片 DAC 接口电路，必须在微处理器（一般采用单片微机）的驱动下才能实现以上介绍的功能。图 4-21 是一个双路同步输出的 D/A 转换接口电路。AT89C52 单片机的 P2.5 和 P2.6 分别接到两路 DAC 的输入寄存器地址线 $\overline{CS}$，而 P2.7 则连接到两路 DAC 的 $\overline{XFER}$ 端以控制同步转换；AT89C52 的 $\overline{WR}$ 端与两个 DAC 的 $\overline{WR1}$ 和 $\overline{WR2}$ 相连接，在执行 MOVX 指令时，AT89C52 自动输出 $\overline{WR}$ 控制信号。

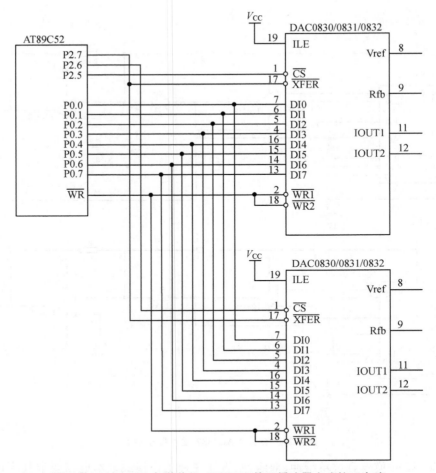

图 4-21　DAC0832 与单片机 AT89C52 的双缓冲器方式接口电路

　　例如,需输出正弦曲线和余弦曲线时,就可将曲线的坐标位置预先算好,并以表格的形式存入计算机的内存,需要输出时可启动定时器单片机,采用如图 4-21 所示的双缓冲器方式接口电路,获得如图 4-22 所示的曲线输出。其他函数波形的产生,如方波、三角波、锯齿波等都可以用这种方法实现。

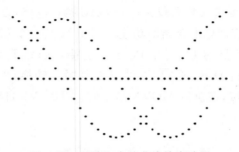

图 4-22　正弦和余弦曲线输出波形

第5章

常用电动机驱动控制技术

电动机驱动控制技术是电子技术应用中常用的技术之一,本章将讨论常用的三相交流异步电动机、直流电动机和步进电动机的工作原理、驱动技术及伺服系统的组成和应用。

 **三相交流异步电动机的工作原理及驱动技术**

5.1.1　三相交流异步电动机的结构和工作原理

1. 结构

三相交流异步电动机由三个频率相同、振幅相同、相位彼此相差 $120°$ 的正弦交流电作为供电电源。三相交流异步电动机分成两个基本部分,即定子(固定部分)和转子(旋转部分)。定子由机座和装在机座内的圆筒形铁芯及其中的三相定子绕组组成。转子分为两种:笼型和绕线型。笼型:结构简单、价格低廉、工作可靠,不能人为改变电动机的机械特性。绕线型:结构复杂、价格较贵、维护工作量大,转子外加电阻可人为改变电动机的机械特性。三相交流异步电动机的外形和结构图如图 5-1 所示。

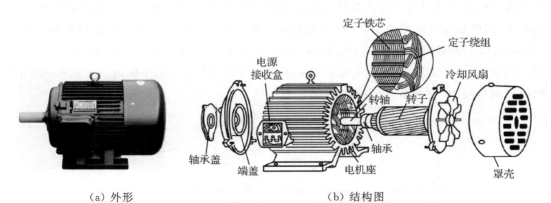

（a）外形　　　　　　　　　　　（b）结构图

图 5-1　三相交流异步电动机的外形和结构图

2. 工作原理

（1）旋转磁场

三相绕组接成星形，绕组中就通入三相对称电流，如图5-2所示。

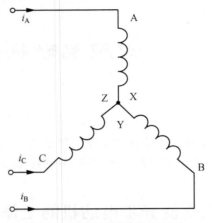

图5-2　三相绕组星形连接图

其瞬时值表达式如式（5-1）所示。

$$\begin{cases} i_A = I_m \sin\omega t \\ i_B = I_m \sin(\omega t - 120°) \\ i_C = I_m \sin(\omega t + 120°) \end{cases} \qquad (5-1)$$

图5-3（a）所示为三相交流电的波形图，图5-3（b）所示为三相交流电产生的旋转磁场。旋转磁场的方向是由三相绕组中电流的相序决定的，若想改变旋转磁场的方向，只要改变通入定子绕组电流的相序，将三根电源线中的任意两根对调即可。

从以上分析，可知旋转磁场的转速与通入电动机电源的频率 f 相关，但旋转磁场的转速不仅与电源的频率有关，还与旋转磁场的极对数 p 相关，三相交流异步电动机的极对数就是旋转磁场的极对数。旋转磁场的极对数和三相绕组的安排有关。每相绕组只有一个线圈，绕组的始端之间相差120°，则产生的旋转磁场具有一对极，$p=1$（p 是极对数），如图5-3（b）所示。若每相绕组有两个线圈串联，绕组之间互差60°，将形成两对磁极的旋转磁场。同理，如要产生三对极，则每相绕组必须有均匀安排在空间的串联的三个线圈，绕组的始端之间相差40°空间角。

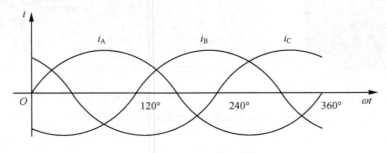

（a）三相交流电的波形图

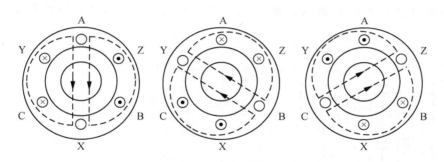

（b）ωt 分为 $0°$、$120°$、$240°$ 时的旋转磁场

图 5-3　三相交流电的波形及产生的旋转磁场

（2）旋转磁场的转速

三相异步电动机的转速与旋转磁场的转速有关，而旋转磁场的转速取决于电源频率和磁场的极对数。在一对极的情况下，旋转磁场的转速为：$n_0 = 60\dfrac{f_1}{1}$，f_1 是电源频率，转速的单位为转每分（r/min）。在两对极的情况下，$n_0 = 60\dfrac{f_1}{2}$。当旋转磁场具有 p 对极时，磁场的转速为 $n_0 = 60\dfrac{f_1}{p}$。旋转磁场的转速 n_0 常称为同步转速。当电源频率和磁场极对数确定后，旋转磁场的转速 n_0 也就确定了。

（3）三相异步电动机的转动原理

当旋转磁场顺时针旋转时，其磁通切割转子导条，导条中就感应出电动势，方向由右手定则确定。在电动势作用下，闭合的导条中就有电流，该电流与旋转磁场相互作用，从而使转子导条受到电磁力的作用。由电磁力产生的电磁转矩使转子转动起来，转子的转动方向与旋转磁场的方向相同。

（4）转差率

虽然电动机的转子转动方向与旋转磁场的旋转方向一致，但转子的转速 n 不可能达到旋转磁场的转速 n_0，即 $n < n_0$。因为如果转子与旋转磁场没有相对运动，磁通就不切割转子的导条，从而也就没有转子电动势和转子电流，因此也不存在转矩。所以转子转速 n 与旋转磁场转速 n_0 之间必须有差别。

旋转磁场的同步转速和电动机转子转速之差与旋转磁场的同步转速之比称为转差率 S，即

$$S = \frac{n_0 - n}{n_0} \times 100\% \tag{5-2}$$

因此，转子转速可由转差率公式求得，$n = (1 - S)n_0 = (1 - S)60\dfrac{f_1}{p}$。通常异步电动机在额定负载时的转差率为 $1\% - 9\%$。

5.1.2　三相交流异步电动机的正反转控制

根据前面分析的旋转磁场原理，三相交流异步电动机要实现正反转运行，只需将输入

电源中任意两相对调即可(称为换相)。图 5-4 所示的是采用两个接触器实现换相的电路图。

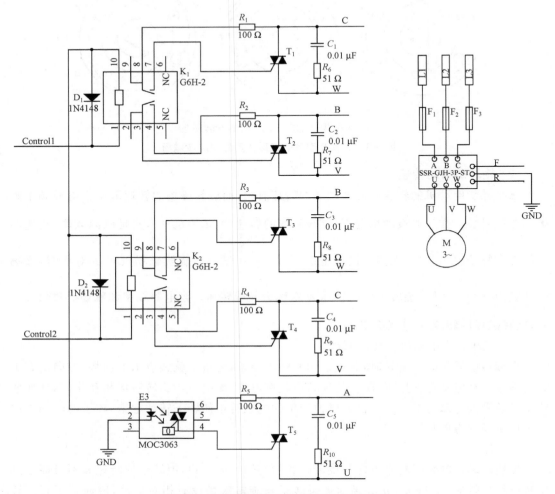

图 5-4 采用两个接触器实现换相的电路图

图中 A、B、C 接三相电源,U、V、W 接电动机,Control1 和 Control2 用作控制正反转,接入接触器的工作电源。如电源按照 A→B→C→A……这样的相序接入,若控制端 Control1 有效,控制端 Control2 无效,则在电动机定子线圈内通入的电源相序为 W→V→U→W……,三相交流电将按此相序产生旋转磁场,电动机将按 W→V→U→W……这样的相序旋转;若控制端 Control2 有效,控制端 Control1 无效,则在电动机定子线圈内通入的电源相序为 W→U→V→W……,电动机将按 W→U→V→W……这样的相序旋转,从而实现反转。为了保证两个接触器动作时能够可靠调换电动机的相序,须确保两个线圈不能同时得电,否则会发生严重的相间短路故障,因此在电路上必须采取相应的保护措施。

采用接触器实现正反转控制,电路简单,控制方便,易于实现。但由于接触器的寿命有限,加之接触器的触电会产生火花,在防爆环境下不能使用。图 5-5 所示的是采用数字电路或微机控制使用光电耦合器实现正反转控制的电路原理图,可以克服上述问题,其工作原理与接触器换相相同。为了防止电源相间短路,同样在控制逻辑的设计上要确保控制端 Control1 和 Control2 不能同时有效。

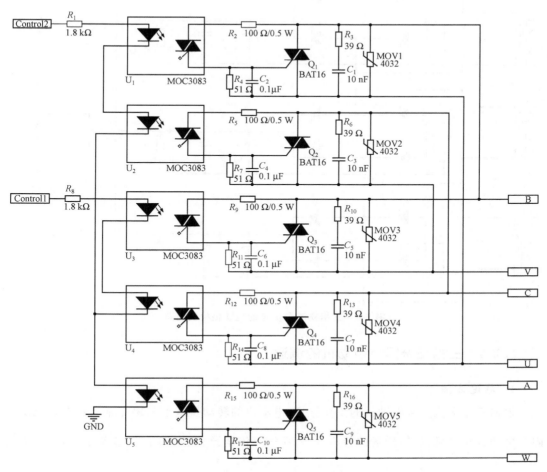

图 5-5　光电耦合器实现换相电路图

5.1.3　三相交流异步电动机的缺相检测和保护

当电动机出现缺相时,如果没有保护装置,缺相的后果十分严重。电动机启动时缺相,如无负荷启动,就会不均匀地慢转,同时发热,若不及时断电,就会烧毁电动机。如带负荷启动,电动机不能启动,同样也会烧毁电动机。因此对电极进行缺相检测,并采取缺相保护控制是保证电动机安全、可靠运行的重要措施。图 5-6 所示为三相交流异步电动机缺相检测电路。图中 TR1、TR2、TR3 为三相电源的采样变压器,采样变压器的输入端跨接在三相交流异步电动机的电源输入端,而输出电压通过整流再通过滤波输出。当没有缺相时,这三个输出端输出均为高电平,从而在与门输出端输出高电平。只要出现缺相,与门输出端就输出低电平。因此,通过检测电路检测与门的输出状态,就可及时发现缺相,立即通过控制电路切断电动机的供电电源,从而有效地保护电动机,也避免了电源网络出现故障。

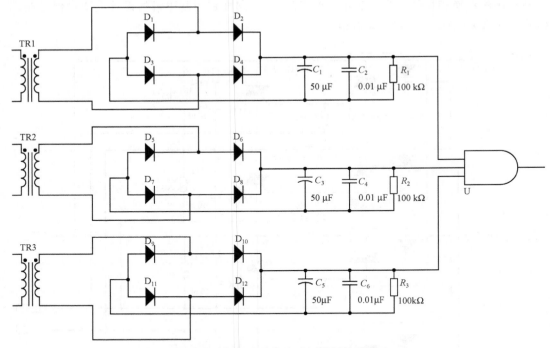

图 5-6　三相交流异步电动机缺相检测电路

5.1.4　三相交流异步电动机的调速

1. 调速方法

根据三相交流异步电动机的工作原理,电动机的转动是基于三相交流电在电动机定子内产生的旋转磁场,旋转磁场的转速 $n_0 = 60\dfrac{f_1}{p}$。依据异步电动机的转差率定义,电动机的转速为 $n = (1-S)n_0 = (1-S)60\dfrac{f_1}{p}$,因此改变电动机的转速有三种方法,即改变电源频率 f_1、改变极对数 p 和改变转差率 S。

（1）改变电源频率调速

由变频调速装置实现调速。它由整流器和逆变器组成,其工作原理为先将频率为 50 Hz 的三相交流电变换成直流电,然后由逆变器变换成频率 f_1 可变、电压有效值也可调的三相交流电,供交流电动机使用。

变频调速常采用如下两种方法调速:当低于额定转速调速时,应采用恒转矩调速;当高于额定转速调速时,应采用恒功率调速。

变频调速可实现无级平滑调速,调速性能优异。

（2）改变极对数调速

根据电动机转动原理,改变极对数可以改变转速。但对于给定的电动机,极对数 p 一般是固定的,且调速时转速呈跳跃性变化,因此一般情况下很少使用变磁极的方式进行调速。

（3）改变转差率调速

对于特定负载，转差率 S 基本不变，并且其可以调节的范围较小，加之转差率 S 不易被直接测量，故改变转差率调速在工程上并未得到广泛应用。

目前交流电动机的调速基本采用改变电源频率的方式进行调速。采用变频方式调速效率高，调速过程中没有附加损耗；应用范围广，既可用于交流异步电动机，也可用于交流同步电动机；调速范围宽，特性硬，精度高。

变频技术的核心是变频器，通过对供电电源频率的转换来实现电动机转速的调节，一般将 50 Hz 的固定电网频率改为 20—130 Hz 的变化频率。同时，还实现电源电压的调节，使电源电压适应范围达到 142—270 V，解决了由于电网电压的不稳定而影响用电器工作的问题。变频器主电路是给异步电动机提供调压调频电源的电力变换部分，变频器的主电路大体上可分为两类：电压型和电流型。电压型是将电压源的直流电变换为交流电的变频器，直流回路滤波的是电容。电流型是将电流源的直流变换为交流的变频器，其直流回路滤波的是电感。变频器由三部分构成：将工频电源变换为直流功率的"整流器"、吸收在变流器和逆变器产生的电压脉动的"平波回路（亦可称为滤波回路）"及将直流功率变换为交流功率的"逆变器"。① 整流器：使用二极管整流，把工频交流电源变换为直流电源。② 平波回路：在整流器整流后是脉动电源，为了抑制电压波动，采用电感和电容吸收脉动电压（电流）。③ 逆变器：同整流器的工作原理相反，逆变器是将直流功率变换为频率可变的交流功率，常采用"H"电路实现，如图 5-7 所示。当 V_1 和 V_4 导通、V_2 和 V_3 截止时，电流从左至右流经电动机绕组 L；当 V_2 和 V_3 导通、V_1 和 V_4 截止时，电流从右至左流经电动机绕组 L。这样便在电动机绕组加载了交流电压。

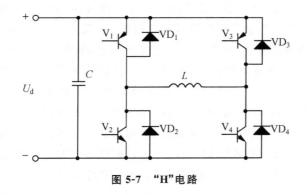

图 5-7　"H"电路

2. PWM 原理

目前变频器的原理基本上都是基于脉冲宽度调制（pulse width modulation，简称PWM）技术实现的，PWM 技术指的是控制功率零件的开通与关断，将直流电压变为具有一定形状的电压脉冲系列。PWM 技术用于直流变换电路中，随后将这种方法与频率控制相结合，出现了应用于逆变电路中的 PWM 控制技术。调节调制信号的幅度，可实现输出电压基波幅度的改变；调节调制信号的频率，可实现输出电压基波频率的改变。如图 5-8所示，t_1 表示各矩形脉冲的宽度，t_2 表示相邻矩形脉冲的间隔，矩形脉冲周期 $T_z = t_1 + t_2$，则

等宽脉冲的占空比 $D=\dfrac{t_1}{t_1+t_2}$。调节占空比 D，则可实现输出平均电压的变化，有关电压调整的原理将在本书 7.1.2 节脉冲量输入/输出（脉冲信号的输入/输出）中介绍；调节频率 f，电源频率得到改变，达到变频的目的，通过控制电路，可以很方便地实现对脉冲波的占空比和频率的独立调整。

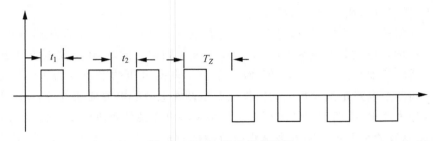

图 5-8　PWM 脉宽调制波形

采用 PWM 技术实现电源频率和电压调节非常容易，其特点是调节电源频率和电压的范围宽、效率高、功率密度高、可靠性高。然而，由于其开关器件工作在高频通断状态，高频的快速瞬变过程本身就是一电磁骚扰源，它产生的 EMI 信号有很宽的频率范围，又有一定的幅度。若把这种电源直接用于数字设备，则设备产生的 EMI 信号会变得更加强烈和复杂。若大量使用输出"方波"的变频电源，则会严重污染电网，使电网中叠加大量的谐波，从而影响电网的安全运行。

3. SPWM 原理

SPWM 技术即为正弦脉冲宽度调制技术，就是通过使用具有正弦规律变化的 PWM 波来模拟正弦波的技术。其原理就是通过一个载波（一般可以选用等腰三角波作为载波）加载一个调制波（需要模拟的正弦波），将二者叠加后在波形相交位置通过冲量相等原理，即化为等幅不等宽（或者等宽不等幅）的方波（这些方波的宽度即占空比按照正弦波规律变化），从而输出调制后的正弦波。这样的 PWM 波输出的是占空比按照正弦波规律变化的波形，即为 SPWM 波形，它在示波器上还不是正弦波，因为里面包含了三角载波和调制的正弦波，需要再经过滤波电路，滤去三角载波，得到加载在三角波里面的正弦调制波。

采样控制系统中的面积等效原理：相同冲量但形状不同的窄脉冲加在带有惯性的环节上，最终作用效果基本一致。在此结论基础上，分析如何通过一系列等幅而不等宽的矩形脉冲。例如，将图 5-9（a）所示的正弦半波平均分成 N 等份，再用相同数量等幅而不等宽的矩形脉冲序列替代，保持矩形脉冲中点和相应正弦等分的中点重合，而各块矩形脉冲和相应正弦部分波形面积相等，就能获得如图 5-9（b）所示的矩形脉冲序列，这便是 PWM 波形。总的来看，各矩形脉冲宽度的变化都和正弦波形的变化规律一致。由面积等效原理，提出了 PWM 波形与正弦半波之间的等值关系。当处于正弦波的负半周期时，采用相同的方法，也可以实现 PWM 波形。由于 PWM 波形中每个脉冲的幅度基本一致，若需要对等效的正弦波幅度进行更改，只需将每个脉冲的宽度以相同的比例系数改变就能实现。以上就是 PWM 控制的基础原理，依据此原理，当决定了正弦波频率、幅度及半个循环中的脉冲数目之后，在 PWM 波中，可以精确地得到每个脉冲的宽度和间隔。通过计算结果，对电路中的各个开关器件进行导通和关断,从而获得所需的 PWM 波形。

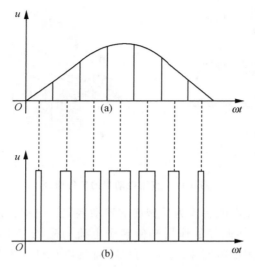

图 5-9　PWM 控制的基本原理示意图

目前市场上可供选择的变频器品牌有很多,如西门子、三菱、ABB、台达等,具有很高的性价比,且非常容易与微机接口。

 　**直流电动机的工作原理及驱动技术**

5.2.1　直流电动机的结构和工作原理

直流电动机由定子和转子两大部分组成。直流电动机运行时静止不动的部分称为定子,定子的主要作用是产生磁场,其由机座、主磁极、换向极、端盖、轴承和电刷装置等组成。运行时转动的部分称为转子,其主要作用是产生电磁转矩和感应电动势,是直流电动机进行能量转换的枢纽,所以通常又称为电枢,其由转轴、电枢铁芯、电枢绕组、换向器和风扇等组成。直流电动机的外形如图 5-10 所示。

图 5-10　直流电动机的外形

直流电动机是根据通电导体在磁场中受力的原理工作的(图 5-11)。运动的方向由左手定则判定。电动机的转子上绕有线圈,通入电流。定子作为磁场线圈也通入电流,产生定子磁场,通电的转子线圈在定子磁场中,就会受到电磁力的作用而驱动转子旋转。转子电刷和换向片可使通入转子线圈的电流改变方向,从而使转子连续不断地进行旋转。

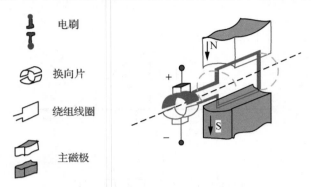

电刷

换向片

绕组线圈

主磁极

图 5-11　直流电动机的工作原理

直流电动机是将直流电能转换为机械能的转动装置。电动机的定子提供磁场,直流电源向转子绕组提供电流,换向片的作用是使转子电流与磁场产生的转矩始终保持方向不变。根据是否配置有常用的电刷-换向片,可以将直流电动机分为两类,即有刷直流电动机和无刷直流电动机。

从图 5-11 可以看出,为了使转子电流与磁场产生的转矩方向保持不变,必须要有电刷-换向片,由于电刷-换向片在工作时处于高速旋转状态,长期的磨损必将损坏电刷-换向片。同时由于在换向时,电刷-换向片之间还会产生电火花,因此有刷直流电动机不能在粉尘浓度较高和其他容易引起爆炸的场所使用。

而无刷直流电动机则消除了这一弊端,无刷直流电动机采用微处理器技术、开关电路、低功耗新型电力电子器件实现电流的换向,它具有成本低、磁能级高的特点。无刷直流电动机既保持了传统直流电动机良好的调速性能,又具有无滑动接触和换向火花、可靠性高、使用寿命长及噪声低等优点,因而在航空航天、数控机床、机器人、电动汽车、计算机外围设备和家用电器等方面都获得了广泛应用。按照供电方式的不同,无刷直流电动机又可以分为两类:方波无刷直流电动机,其反电动势波形和供电电流波形都是矩形波,又称为矩形波永磁同步电动机;正弦波无刷直流电动机,其反电动势波形和供电电流波形均为正弦波。

直流电动机具有较好的调速性能,调速范围广,易于平滑调速;有较大的启动力矩,制动转矩大,易于快速启动、停车。

5.2.2　直流电动机的励磁方式

励磁方式是指旋转电动机中产生磁场的方式,直流电动机的励磁方式分为四种:

1. 他励直流电动机

励磁绕组与电枢绕组无连接关系,而由其他直流电源对励磁绕组供电的直流电动机称为他励直流电动机。永磁直流电动机也可看作他励或自激直流电动机,一般直接称励磁方式为永磁。

2. 并励直流电动机

并励直流电动机的励磁绕组与电枢绕组并联,对并励电动机来说,励磁绕组与电枢共用同一直流电源,从性能上分析,与他励直流电动机相同。

3. 串励直流电动机

串励直流电动机的励磁绕组与电枢绕组串联后,再接入直流电源。这种直流电动机的励磁电流就是电枢电流。

4. 复励直流电动机

复励直流电动机有并励和串励两个励磁绕组。若串励绕组产生的磁通势与并励绕组产生的磁通势方向相同,称为积复励;若两个磁通势方向相反,则称为差复励。

不同励磁方式的直流电动机有着不同的特性,一般情况下直流电动机的主要励磁方式是并励式、串励式和复励式。

5.2.3　直流电动机的换向控制

根据直流电动机的工作原理,只要改变接入电动机电源的极性就能改变电动机转动的方向,采用"H"电路能很方便地实现直流电动机的正反转运行,如图 5-12 所示。该驱动电路采用四只场效应管,为了保证场效应管在工作时充分导通,Q_1、Q_2 采用 P 沟道型,Q_3、Q_4 则采用 N 沟道型。如假设电流从右往左流动,电动机正转,控制电路使 Q_2、Q_3 导通,Q_1、Q_4 截止,如图 5-12(a)所示,由于场效应管在导通时,其压降在 0.1 V 以下,因此加在电动机上的电压就是电源电压。当电动机反转时,控制电路使 Q_2、Q_3 截止,Q_1、Q_4 导通,使流经电动机的电流从右往左流动,如图 5-12(b)所示。

需要特别注意的是,控制电路一定要确保 Q_1、Q_3 不能同时导通,同样 Q_2、Q_4 也不能同时导通,否则场效应管将被烧毁。当电动机切换转向时,控制电路时要由一个短暂的延时,使 Q_1、Q_2、Q_3、Q_4 全部截止,以确保电路不出现短路。

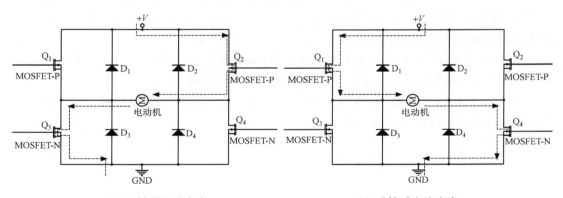

（a）正转时电流方向　　　　　　　　（b）反转时电流方向

图 5-12　直流电动机的正反转运行工作原理

5.2.4　直流电动机的调速

直流电动机的调速可采用以下三种方法实现。

1. 弱磁调速

一般情况下,电动机为避免磁路过饱和,只能弱磁不能强磁。当电枢电压保持额定值时,增加励磁回路(定子绕组)电阻,励磁电流和磁通减小,电动机转速随即升高,此时电动机的机械特性将变软。

2. 电枢回路串电阻调速

电枢回路串电阻调速即加载在电枢回路的电压不变,仅在中间串接电阻,此方法虽然简单,但串电阻越大,机械特性越软,转速越不稳定,且低速时串电阻大,损耗能量也多,效率降低。

3. 降低电枢(转子绕组)电压调速

电枢回路及励磁回路电阻尽可能小,电压降低,转速下降,电动机特性硬度不变,运行时转速稳定,可实现无级调速。

采用降低电枢电压的方法调速必须有可调直流电源。可调直流电源实现的方法在本书电源一章中已做介绍。如采用微机进行控制,使用 PWM 方法就可方便地实现可调直流电源的输出。

5.2.5　直流电动机的换向、调速实例

图 5-13 所示的是采用 51 系列单片机实现对直流电动机"M"的换向、调速控制电路。当 P1.0 为低电平,P1.1 为高电平时,P1.0 通过上面一片 7407 驱动,使上面一片光电耦合器 4N25 的三极管导通,导致"H"电路中的 V_1 和 V_3 导通,使直流电源的电流从左流向右;与此同时,由于 P1.1 为高电平,下面一只光电耦合器 4N25 的三极管截止,这使得"H"电路中的 V_2 和 V_4 截止,从而使电动机朝某一方向旋转。若当 P1.0 为高电平,P1.1 为低电平时,控制逻辑正好相反,由于"H"电路中的 V_2 和 V_4 导通,"H"电路中的 V_1 和 V_3 截止,使直流电源的电流从右流向左,这样便使电动机实现了换向运行。

当从 P1.0 或 P1.1 输出的是 PWM 波形,则加载在直流电动机"M"上的电压就是与 PWM 波形相对应变化的直流电压,这样就实现了电动机的调速。

其中,电动机的供电电源+V 能提供足够的电流,以便正常驱动电动机。+V 电压可与光电耦合器上拉电阻一样取 12 V。

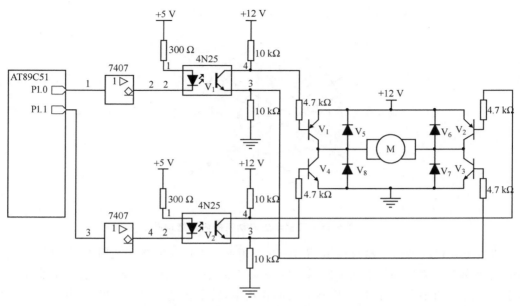

图 5-13 直流电动机的换向、调速控制

 5.3 步进电动机的工作原理及驱动技术

步进电动机是一种把电脉冲信号变换成角位移的执行元件。由于角位移量与脉冲数成正比,因此它的转速与脉冲频率成正比。在负载能力范围内,其性能不因电源电压、负载、环境条件的变化而变化,并能在宽广的转速范围内,通过改变脉冲频率进行调速,能快速启动、反转与制动。所以步进电动机是智能控制系统中一种十分重要的执行元件,特别在位置控制系统中有广泛应用,其外形如图 5-14 所示。

5.3.1 步进电动机的工作原理

步进电动机的工作原理是根据输入的控制脉冲和方向信号,

图 5-14 步进电动机的外形

控制步进电动机的绕组以一定的时序正向或反向通电,使得电动机正向/反向旋转,或者锁定。图 5-15 所示的是三相步进电动机的内部结构。步进电动机也分定子和转子两大部分。定子上有 6 个等分的磁场,AA′、BB′、CC′ 每个极上都有一个绕组,相邻两极之间的夹角为 60°,相对的两个磁极为一相。当某一相绕组有电流通过时,相应的两个磁极立即形成 N 极和 S 极,每个磁极面向转子的部分分布着 5 个小齿,这些小齿呈梳状排列,且大小相同。

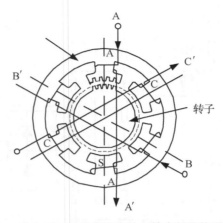

图 5-15　三相步进电动机的内部结构图

　　步进电动机的转子上没有绕组,而有 40 个矩形小齿均匀分布在圆周上,相邻两个齿之间的夹角为 9°。当某相绕组通电时对应的磁极产生磁场,并与转子形成磁路。若此时定子的小齿与转子的小齿没有对齐,则在磁场的作用下,转子转过一定的角度,使转子的齿和定子的齿对齐,由此可见,错齿是步进电动机旋转的根本原因。图 5-16 所示的就是三相步进电动机错齿的示意图,上半侧表示定子部分,A、B、C 分别绕有线圈的 A、B、C 相,下半侧表示转子部分,1、2、3、4、5 表示每个磁极面向转子的部分分布的 5 个小齿。

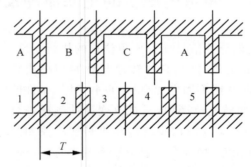

图 5-16　三相步进电动机错齿示意图

　　三相三拍控制模式的工作原理如下,若 A 相通电,B、C 相都不通电,则在磁场的作用下,图 5-16 中转子的 1 齿将与 A 相磁极的齿对齐,即如图所示的位置。若以此作为步进电动机的初始状态,即与 A 相磁场中心对齐的齿为 1 号齿,由于 B 相磁极与 A 相磁极相差 120°,且 120°/9°不为整数,所以转子的齿不能与 B 相磁极的齿对齐,如图 5-16 中靠近 B 相磁极中心线的 2 号齿与该中心线差 3°。如果此时由 A 相通电变为 B 相通电,而 A、C 两相均不通电,则 B 相的磁场迫使 2 号齿与之对齐,整个转子就转动了 3°,称步进电动机走了一步。同理,按 A→B→C→A 顺序通电一次,则转子转动 9°。如果 A 相和 B 相同时通电,根据上述分析:可以看出,1 号齿和 2 号齿均不能分别与 A 相和 B 相的磁极中心线对齐,所以,整个转子就转动了 1.5°,称步进电动机走了半步。

5.3.2　步进电动机的驱动方式

步进电动机的驱动方式一般分为两种:基本型和串阻型。

1. 基本型

基本型驱动方式如图 5-17 所示,适用于步进电动机绕组的阻抗较大、输入功率较小、低速运转的场合。这种驱动电路结构简单、运转稳定性好,但启动频率较低。

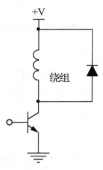

图 5-17　步进电动机的基本型驱动方式

2. 串阻型

串阻型驱动方式如图 5-18 所示,适用于绕组阻抗较小、输入功率较大、转速较高的场合。该电路的特点是启动频率较高。

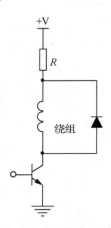

图 5-18　步进电动机的串阻型驱动方式

5.3.3　步进电动机的驱动时序

步进电动机按相数可分为单相、两相、三相和多相等形式。根据设计要求和运动系统对步距角的要求,可以选择合适的相数,然后选择合适的驱动时序。目前使用较多的是两相步进电动机,但也可接成四相形式工作。如图 5-19 所示,将公共端 COM 接步进电动机的工作电源,这样就可以按四相形式工作,其中 A′端和 B′端分别表示 C 相、D 相。

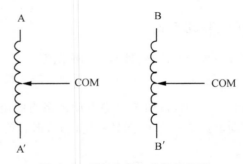

图 5-19 两相步进电动机的绕组

图 5-20 所示的是四相步进电动机的三种驱动时序。图 5-20(a)所示的单四拍运行模式,它的通电顺序是按 A→B→C→D→A……进行的。目前常用的四相步进电动机的步距角为 1.8°,所以步进电动机运行一周需要 200 步。图 5-20(b)所示的双四拍运行模式,它的通电顺序是按 AB→BC→CD→DA→AB……进行的,这种驱动时序步距角也为 1.8°,但由于是两相同时通电,其驱动能力会增加。图 5-20(c)所示的八拍运行模式,它的通电顺序是按 A→AB→B→BC→C→CD→D→DA→A……进行的,这种驱动时序步距角为 0.9°,运行一周需要 400 步。

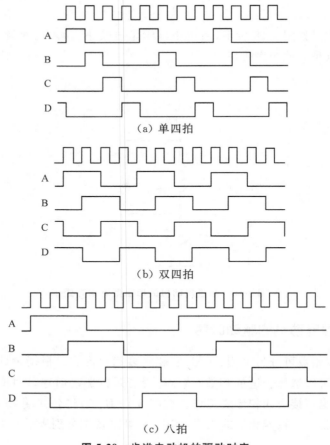

(a) 单四拍

(b) 双四拍

(c) 八拍

图 5-20 步进电动机的驱动时序

5.3.4　步进电动机控制系统的设计

由微型计算机实现对步进电动机控制的原理框图如图 5-21 所示。它由微机、接口电路、驱动电路等组成。从微机输出口送出的步进电动机驱动脉冲信号经接口电路锁存后送驱动电路，驱动步进电动机运行。

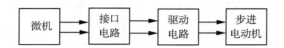

图 5-21　由微型计算机实现对步进电动机控制的原理框图

系统设计主要应解决以下几个问题：

① 用软件产生驱动步进电动机的脉冲序列。

② 步进电动机的启动频率及运行频率。

③ 硬件接口电路。

④ 驱动器元件。

⑤ 保护电路的设计。

图 5-22 所示的是单片微型计算机驱动四相步进电动机的硬件原理图，电动机型号为 42BYGH003，该电动机工作电压为 12 V，每相工作电流为 0.31 A，直流电阻为 38.5 Ω，电感为 18 MH，步矩角为 1.8°。既可以按单四拍通电顺序运行，也可按八拍通电顺序运行。如果按 A→B→C→D→A……通电顺序通电，步进电动机正转；反之，步进电动机反转。

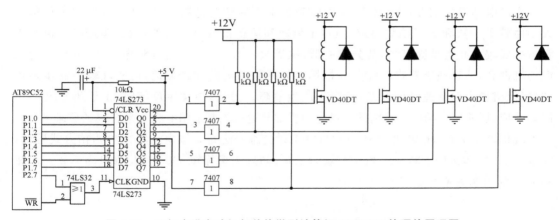

图 5-22　四相步进电动机与单片微型计算机 AT89C52 的硬件原理图

如果按两相电动机进行驱动，驱动电路可以采取如图 5-23 所示的用两组"H"电路实现。其中，绕组 A—A′ 由"H"电路驱动，如图 5-23（a）所示；绕组 B—B′ 由 H 电路驱动，如图 5-23（b）所示。驱动时序如下：a. A→A′、b. B→B′、c. A′→A、d. B′→B、e. A→A′……两组"H"电路中场效应管的导通顺序为：a. Q_1、Q_6 导通，其余的场效应管截止，电流为 A→A′；b. Q_3、Q_8 导通，其余的场效应管截止，电流为 B→B′；c. Q_2、Q_5 导通，其余的场效应管截止，电流为 A′→A；d. Q_4、Q_7 导通，其余的场效应管截止，电流为 B′→B；e. Q_1、Q_6 导通，其余的场效应管截止，电流为 A→A′……

此时由于 A 相绕组和 B 相绕组的两部分线圈在工作时全部通电,由此在电动机内部产生的电磁力也增加,因此采用这种驱动方式的驱动能力也相应增加。

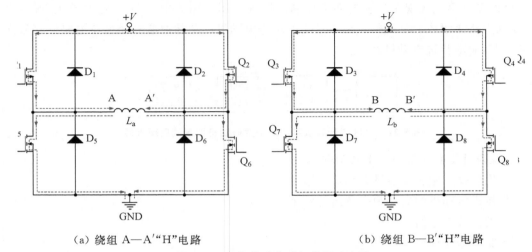

　　　　(a) 绕组 A—A'"H"电路　　　　　　　　　　(b) 绕组 B—B'"H"电路

图 5-23　两相步进电动机的驱动电路

　　如果采用微型计算机控制步进电动机的运行,电动机的运行速度可以通过改变每相通电时间来调整,但必须注意步进电动机空载启动频率和带载运行频率这两个参数。如果程序送出的移位脉冲频率超过了这两个参数,则会引起步进电动机运行失步,最终导致控制失败。

　　步进电动机的细分运行设计:步进电动机由于受到自身制造工艺的限制,如步距角的大小由转子齿数和运行拍数决定,但转子齿数和运行拍数是有限的,因此步进电动机的步距角一般较大并且是固定的,其分辨率低、缺乏灵活性、在低频运行时振动、噪声比其他微电动机都高,使物理装置容易疲劳或损坏。如果采用机械方式减速,可实现较小的步距角位移,但机械齿轮变速结构复杂,且容易产生故障。另外,在发生反转时,由于齿轮会产生回差效应,影响定位精确。目前的步进电动机细分运行主要采用电流矢量合成的原理实现。

　　现仍以 42BYGH003 型步进电动机为例讨论细分运行。该电动机以单四拍方式运行,每步为 1.8°,即磁场旋转 90°,角位移量为 1.8°;如果磁场旋转 360°,角位移量为 7.2°。A 相和 B 相的磁场矢量图如图 5-24 所示。

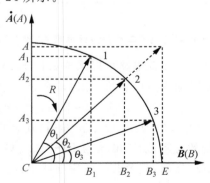

图 5-24　A 相和 B 相的磁场矢量图

如果将 A 相通电时定义为起始位"0",则从 A 相通电变为 B 相通电,磁场方向旋转了 $90°$,角位移为 $1.8°$。如果 A 相、B 相同时通电,则 A 和 B 合矢量方向为 2 所示的位置,夹角 θ_2 为 $45°$,这是四相八拍的运行方式。若以 A 相或 B 相单独通电时产生磁场的大小为半径(以 R 表示)作四分之一圆,即可算出位置"1"时的两个分量 $A_1 = R\sin\theta_1$,$B_1 = R\cos\theta_1$,同理可以算出 $A_2 = R\sin\theta_2$,$B_2 = R\cos\theta_2$,$A_3 = R\sin\theta_3$,$B_3 = R\cos\theta_3$。由于步进电动机是直流供电,因此一旦步进电动机位移完成,可以认为它是一个纯电阻负载,其磁场的大小只依赖于 I 的大小。

目前在步进电动机的细分驱动技术上,采用斩波恒流驱动、脉冲宽度调制驱动、电流矢量恒幅均匀旋转驱动,即取决于加载在绕组两端的电压,这样便可通过前面已讨论过的程控可调直流电源实现对绕组两端电压的调整,使步进电动机达到所需精度要求的细分运行。目前,用这样的办法可以方便地实现 $\frac{1}{4}$、$\frac{1}{8}$、$\frac{1}{16}$、$\frac{1}{32}$、$\frac{1}{64}$ 步的细分,细分至 $\frac{1}{1\ 024}$ 步的驱动器也有成熟的产品。

当然,由于磁滞效应和磁化曲线的非线性等,理论计算的细分数据与实际运行的结果还有误差,需要设计人员在调试时用软件进行修正。

设计步进电动机控制接口时还需注意以下问题。

步进电动机驱动的执行机构对位置精度要求很高,所以在选择驱动器时要有一定的余量。供给步进电动机的直流电源也应有一定的余量,以防止出现失步。

某些对位置精度要求很高的场合,可以采用闭环控制的方式,其基本原理和方法与伺服电动机类似。另外,为了通电的相序,即应从哪一相开始通电,一般需在微型计算机中安排一个非易失性存储器,保存步进电动机每运行一步的通电情况,这样在掉电后再通电时,计算机便能准确地将掉电前步进电动机的通电状态恢复,以防止错位。

5.4　伺服系统的结构、分类及应用

伺服系统是指可以按照外部指令完成所期望的运动系统,实现包括位置、方位、状态等输出量的自动控制。伺服系统主要由伺服驱动器、伺服电动机和编码器三部分组成。伺服驱动器负责将从控制器接收到的信息分解为单个自由度系统能够执行的命令,再传递给执行器(伺服电动机);伺服电动机将收到的电流信号转化为转矩和转速以驱动控制对象,实现角度、角速度、转向等运行参数的控制;编码器作为伺服系统的反馈装置,决定了伺服系统的精度。编码器安装在伺服电动机上,与电动机同步旋转,电动机转一圈编码器也转一圈,转动时将编码信号送回控制器,控制器根据编码器的信号判断伺服电动机的转向、转速、位置信息。

伺服电动机是伺服系统中关键的执行器,它能快速反应,且具有机电时间常数小、线性度高等特点,可把所收到的电信号转换成电动机转轴上的角位移或角速度输出。伺服电动机的主要特点是,当信号电压为零时无自转现象,其转速随着转矩的增加而匀速下降,其外形如图 5-25 所示。

图 5-25　伺服电动机的外形

5.4.1　伺服电动机的结构和分类

1. 伺服电动机的结构

伺服电动机主要由定子和转子构成。定子上有两个绕组:励磁绕组和控制绕组。其内部的转子是永磁铁或感应线圈、导磁材料,转子在由励磁绕组产生的旋转磁场的作用下转动。同时伺服电动机自带编码器,驱动器实时地接收到编码器的反馈信号,再根据反馈值与目标值进行比较来调整转子转动的角度。由此可见,伺服电动机的控制精确度很大程度上取决于编码器的精度。伺服电动机的内部结构如图 5-26 所示。

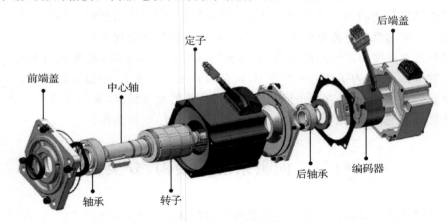

图 5-26　伺服电动机的内部结构

2. 伺服电动机的分类

伺服电动机目前主要分为直流电动机和交流电动机两类。

（1）直流伺服电动机

直流伺服电动机分为有刷电动机和无刷电动机。有刷电动机成本低,结构简单,启动转矩大,调速范围宽,控制容易,需要维护,但维护不方便（换碳刷）,会产生电磁干扰,对环境有要求。因此,它可以用于对成本敏感的普通工业和民用场合。无刷电动机体积小,重量轻,出力大,响应快,速度高,惯量小,转动平滑,力矩稳定,控制复杂,容易实现智能化,其电子换相方式灵活,可以方波换相或正弦波换相,电动机免维护,效率很高,运行温度低,电磁辐射很小,寿命长,可用于各种环境。

（2）交流伺服电动机

交流伺服电动机也是无刷电动机,分为同步和异步两种,运动控制中一般都用同步电动机,它的功率范围大,可以做到很大的功率。交流同步伺服电动机内部的转子是永磁铁,驱动器控制的 A/B/C 三相电源形成电磁场,转子在此磁场的作用下转动,同时电动机自带的编码器反馈信号给驱动器,驱动器根据反馈值与目标值进行比较,调整转子转动的角度。

伺服电动机的精度取决于编码器的精度（线数）。交流伺服电动机和无刷直流伺服电动机在功能上的区别是:交流伺服电动机要优良一些,因为交流伺服电动机是正弦波控制,转矩脉动小,而无刷直流伺服电动机是梯形波控制。因此,在实际运用中,交流伺服电动机越来越受到欢迎。

5.4.2　伺服系统的组成和应用

一个伺服系统包括被控对象、执行机构和控制器（负载、伺服电动机、功率放大器、控制器和反馈装置）。其结构组成如图 5-27 所示。

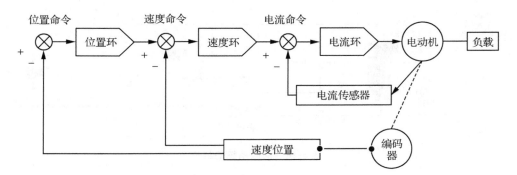

图 5-27　伺服系统结构组成

伺服电动机具有精度高、速度快、扭矩大等优点,因此被广泛应用于各种需要精密控制的场合。

（1）工业自动化领域

伺服电动机在工业自动化领域中应用广泛,主要用于各种需要精密控制的自动化生产线、CNC 机床、印刷机、包装机、注塑机等设备中。

（2）机器人领域

伺服电动机在机器人领域中应用广泛,主要用于各种智能化的机器人,如工业机器人、服务机器人、医疗机器人等。

（3）医疗设备领域

伺服电动机在医疗设备领域中应用广泛,主要用于各种需要精密控制的医疗设备,如手术机器人、CT 机、核磁共振仪及各种智能化的医疗检测设备等。

（4）航空航天领域

伺服电动机在航空航天领域中应用非常广泛,主要用于各种需要高精度、高可靠性的航空航天设备,如飞行控制系统、遥感系统、导航系统、卫星通信设备等。

（5）汽车制造领域

伺服电动机在汽车制造领域中应用广泛，主要用于各种需要高精度、快速度、大扭矩的汽车制造设备，如焊接设备、喷涂设备、组装设备等。

总之，伺服电动机是一种智能电动机，其应用领域和场合非常广泛。特别是随着当前人工智能技术的快速发展，伺服电动机的应用将渗透到更多的领域，同时伺服电动机本身的技术也在不断地快速发展。早期的模拟系统在诸如零漂、抗干扰、可靠性、精度和柔性等方面存在不足，已经不能满足精密运动控制的要求，基本已被淘汰。近年来随着微处理器、新型数字信号处理器（DSP）的应用，使伺服电动机的应用更加智能化。图 5-28 所示的是一个伺服系统的组成，伺服控制器控制伺服电动机的运行，伺服电动机驱动滚珠丝杆，而滚珠丝杆带动加工工件运动，同时伺服控制器接收行程限位开关信号、近点信号及伺服电动机送出的编码器、传感器信号，控制器根据这些信号判断被控对象的实际运行位置，从而继续发出控制命令，形成了一个完整的闭环控制系统。

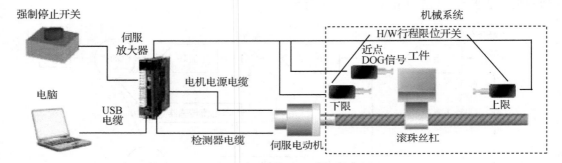

图 5-28　伺服系统的组成

第6章

运动合成控制技术

在智能系统中运动合成控制技术的运用非常广泛,它是智能控制系统中的关键技术之一,本章将介绍运动控制技术的基本概念、二维运动合成的基本原理,并介绍二维运动合成设计实例。

 ## 6.1 运动控制技术的基本概念

运动控制是指对机械运动部件的位置、速度等进行实时的控制管理,使其按照预期的运行轨迹和规定的运动参数进行运动。早期的运动控制技术主要是伴随着数控技术、机器人技术和工厂自动化技术的发展而发展的。

运动控制系统的典型构成如图 6-1 所示,其中上位机为运动轨迹或图形预处理应用程序,将用户所需要的轨迹、图形转换成应用程序指令传输到运动控制器当中。运动控制器为整个系统的控制核心。它接受来自上位机的运动指令,按照设定的运动模式,完成相应的实时运动规划,向驱动器发送相应的运动指令。同时通过反馈元件获取电动机运动系统实际运动情况,如发现有偏差,则做出相应的修正指令。

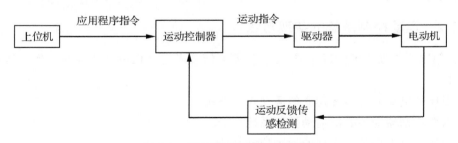

图 6-1 运动控制系统的典型构成

6.1.1 运动控制的形式

根据运动控制特点和应用领域的不同,可以将运动控制分为以下几种形式:

1. 点位运动控制

这种运动控制的特点是仅对终点位置有要求,与运动的中间过程即运动轨迹无关。相

应的运动控制器要求具有快速的定位速度,在运动的加速段和减速段,采用不同的加减速控制策略。在加速运动时,为了使系统能够快速加速到设定速度,往往提高系统增益和增大加速度。在减速的末端采用 S 曲线减速的控制策略。为了防止系统到位后震动,当系统规划到位后,又会适当减小系统的增益。所以,点位运动控制器往往具有在线可变控制参数和可变加减速的能力。

典型应用范围:PCB 钻床、SMT、晶片自动输送、IC 插装机、引线焊接机、纸板运送机驱动、包装系统、码垛机、激光内雕机、激光划片机、坐标检验、激光测量与逆向工程、键盘测试、来料检验、显微仪、定位控制、PCB 测试、焊点超声扫描检测、自动织袋机、地毯编织机、定长剪切、折弯机控制。

2. 连续轨迹运动控制

连续轨迹运动控制又称为轮廓控制,主要应用于传统的数控系统、切割系统的运动轮廓控制中。相应的运动控制器要解决的问题是如何使系统在高速运动的情况下,既要保证系统加工的轮廓精度,还要保证刀具沿轮廓运动时的切向速度的恒定。对小线段加工时,有多段程序预处理功能。

典型应用范围:数控车、铣床、雕刻机、激光切割机、激光焊接机、激光雕刻机、数控冲压机床、快速成型机、超声焊接机、火焰切割机、等离子切割机、水射流切割机、电路板特型铣、晶片切割机。

3. 同步运动控制

同步运动控制是指多个轴之间的运动协调控制,可以是多个轴在运动全程中进行同步,也可以是在运动过程中的局部速度同步,主要应用于需要有电子齿轮箱和电子凸轮功能的系统控制中。相应的运动控制器的控制算法常采用自适应控制方法,通过自动调节控制量的幅值和相位进行保证。

典型应用范围:套色印刷、包装机械、纺织机械、飞剪、拉丝机、造纸机械、钢板展平、钢板延压、纵剪分条等。

6.1.2 运动控制系统的实现方法

从目前国内外发展的情况来看,运动控制系统或者电动机控制系统的实现方法主要有以下几种:

① 用模拟电路元件连接建立的运动控制系统。

② 以微控制器为核心的运动控制系统。

③ 在计算机上用软件实现的运动控制系统。

④ 用专用芯片实现的运动控制系统。

⑤ 用可编程 DSP 控制器构成的运动控制系统。

⑥ 采用 FPGA 与 DSP 等可编程逻辑器件实现的运动控制系统。

这 6 种实现方法中,第 1 种实现方法是模拟控制系统,另外 5 种实现方法属于数字控制系统。每种方法各有优缺点,分别适用于不同的应用场合。下面对这些方法的优缺点和应用场合进行讨论。

1. 用模拟电路元件连接建立的运动控制系统

模拟控制系统是最早的一种运动控制系统实现方法，一般采用运算放大器等分立元件连接构成。构成的系统具有以下几个优点：

① 由于采用元件直接接线的方式，可以对输入信号进行实时处理，从而实现高速控制。

② 直接接线方式可实现采样频率不受限制，因此控制器的精度高且频带宽。

与数字控制系统相比，模拟控制系统的缺陷是显而易见的：

① 系统元器件的参数会随着外界环境温度的变化而变化。

② 构成系统的元器件数量越多，系统复杂性越高，系统的可靠性越差。

③ 用直接接线方式完成系统的构建，当系统设计完成后，若需升级、修改，需要推翻重建。

④ 受最终系统规模的限制，很难实现运算快、精度高、性能先进的复杂控制算法。

模拟控制系统在早期运动控制系统中发挥了一定的作用，现在对于一些功能简单的电动机控制系统仍然适用。然而它的众多缺陷使它难以用于功能要求高的场合。

2. 以微控制器为核心的运动控制系统

这里的微控制器指的是以 51 系列、96 系列等为典型代表的 8 位或 16 位单片机。用单片机代替模拟电路作为电动机的控制器，构成的系统具有以下优点：

① 电路更简单。模拟电路为了实现逻辑控制，需要许多分立电子元件，从而使电路变得复杂。使用微处理器以后，绝大多数控制逻辑可采用软件实现。

② 可以实现较为复杂的控制算法。微处理器具有更强的逻辑功能，运算速度快，精度高，具有大容量的存储器，因此有能力实现复杂的控制算法。

③ 灵活性和适应性强。微处理器的控制方式主要由软件来实现，如果需要修改控制规律，一般不必修改系统的硬件电路，只需对软件进行修改即可。

④ 无零点漂移，控制精度高。数字控制系统中一般不会出现模拟电路中经常遇到的零点漂移问题，控制器的字长一般可保证足够的控制精度。

在一些性能要求不是很高的场合，现在普遍采用单片机作为电动机的控制器。然而，由于微处理器一般采用冯·诺依曼总线结构，处理器的速度有限，处理能力也有限。另外，早期的单片机系统集成度较低，指令功能较弱，单片机自带的专用外设功能较少。因此，基于微处理器构成的电动机控制系统仍然需要较多的外围元器件，这增加了系统电路板的复杂性，降低了系统的可靠性，也难以满足运算量较大的实时信号处理的需要，难以实现先进控制算法，如预测控制、模糊控制等。

目前掌握微处理器的技术人员众多，在设计系统时，微处理器往往会成为优先考虑的手段。事实上，经过 40 多年的发展，以 MCS-51 为代表的早期单片机时代已逐渐成为过去，新的单片机无论是制造工艺上，还是性能、功能上都有了极大的改进。新型单片机（如 C8051F，AVR 系列等）的工作频率一般在 20 MHz 以上，采用流水线技术，片内集成大量存储单元和功能外设，有的单片机内部甚至集成了 DSP 核，这些措施都使单片机的性能得到了极大提高，可以较好地满足高性能运动控制系统的需要。

3. 在计算机上用软件实现的运动控制系统

在通用计算机上,利用高级语言编制相关的控制软件,配合驱动电路、与计算机进行信号交换的接口电路,就可以构成一个运动控制系统。这种实现方法利用计算机的高速度、强大的运算能力和方便的编程环境,可实现高性能、高精度、复杂的控制算法;同时,控制软件的修改也很方便。

然而,这种实现方法的一个缺点在于系统体积过大,难以应用于工业现场,并且由于通用计算机本身的限制,难以实现实时性要求高的信号处理算法。

一般来说,这种系统实现方法可用于控制软件的仿真研究或者用作上位机实时系统构成两级或多级运动控制系统。

4. 用专用芯片实现的运动控制系统

为了简化电动机模拟控制系统的电路,同时保持系统的快速响应能力,一些公司推出了专用电动机控制芯片,如 TI 公司直流无刷电动机控制芯片 UCC3626、UCC2626,日本 NOVA 运动控制芯片 MCX314AS,等等。利用专用电动机控制芯片构成的运动控制系统保持了模拟控制系统和以微处理器为核心的运动控制系统两种实现方法的长处,具有响应速度快、系统集成度高、使用元器件少、可靠性高等优点,是目前应用最广的一种运动控制系统实现方法。

然而,受专用控制芯片本身的限制,这种系统的缺点也是很明显的,主要包括:

① 由于已经将软件算法固化在芯片内部,虽然可保证较高的系统响应速度,但是降低了系统的灵活性,不具有扩展能力,缺乏通用性。

② 由于用户不能对专用芯片进行编程,因此很难实现系统的升级。

③ 受芯片制造工艺的限制,在现有的电动机专用控制芯片中所实现的算法一般都是比较简单的。这种芯片的控制精度一般都较低,难以用于高性能、高精度的应用场合。当然,随着微电子行业的发展,高精度、高性能的运动控制芯片也会出现,但这类运动控制芯片往往价格昂贵,高成本芯片是多数用户难以接收的。

5. 用可编程 DSP 控制器构成的运动控制系统

为了满足世界范围内运动控制系统的需要,TI 公司推出了 TMS32×24× 系列 DSP 控制器。TMS32×24× 系列 DSP 控制器将一个高性能的 DSP 核、大容量的芯片存储器和专用的运动控制外设电路(PWM 发生电路、SSVPWM 发生电路、捕获单元等)及其他功能的外设电路集成在单芯片上,保持了传统微处理器可编程、集成度高、灵活性/适应性好、升级方便等优点,同时,其内部的 DSP 核可提供较高的运算速度和处理大量数据运算的能力。

TMS32×24× 系列 DSP 控制器采用改进的哈佛结构,分别用独立的总线来访问程序和数据存储空间,配合片内的硬件乘法器、指令的流水线操作和优化的指令集,可较好地满足系统的实时性要求,实现复杂的控制算法,如 Kalman 滤波、模糊控制、神经元控制等。

基于 DSP 控制器构成的电动机控制系统的各种功能都通过软件编程来实现,因此目标系统升级容易,扩展性、维护性都很好。但是,由于 DSP 控制器在电动机控制过程中完全被用于处理插补算法,难以实现更复杂的功能,需要一个控制能力强的 CPU,如单片机或者 ARM 与之配合,以完善电动机运动控制系统,这样反而增加了系统的复杂性。

6. 采用 FPGA 与 DSP 等可编程逻辑器件实现的运动控制系统

通过硬件描述语言 FPGA 编程实现某种运动控制算法,然后将这些算法下载到相应的可编程逻辑器件中,从而以硬件的方式实现。DSP 在系统中则辅助 FPGA 做一些运动数据的预处理。

利用可编程逻辑器件实现的运动控制系统具有如下优点:

① 系统的主要功能都可以在单片 FPGA 器件中实现,减少了所需的元器件个数,缩小了系统体积。

② 可编程逻辑器件一般具有系统可编程的优点,因此以之为基础构成的目标系统具有较好的扩展性和可维护性,通过修改软件并重新下载到目标板上的相关器件中,就可以实现系统的升级。

③ 由于系统以硬件实现,响应速度快,实时性好,并可实现并行处理。

④ 开发工具齐全,容易掌握,通用性强。

6.2 二维运动合成的基本原理

电子技术应用中经常需要设计在二维平面内任意轨迹进行运动的系统,比如任意方向的直线运动、圆周运动、抛物线运动,以及其他轨迹的运动等,本节将介绍二维运动合成的原理、二维运动合成的轨迹分析,并介绍二维运动合成实例。

6.2.1 二维运动合成的机械结构

平面运动可以用二维矢量合成方法分析,一般可以分解为 X、Y 两个方向的运动。图 6-2 所示的是一个二维运动合成的机械结构图。将丝杆 1、导轨 1(1a、1b)、步进电动机 1 等定义为 X 方向运动机构,将丝杆 2、导轨 2(2a、2b)、步进电动机 2 等定义为 Y 方向运动机构。工作台的运动轨迹就是 X 和 Y 这两个运动机构运动轨迹的合成。若将工作台的初始状态置于 X 方向运动机构的中点,又将 X 方向运动机构置于 Y 方向运动机构的中点,将此时二维运动机构的位置定义为 O 点。当步进电动机 1 顺时针方向转动时,工作台向 X 的正方向移动;当步进电动机 1 逆时针方向转动时,工作台向 X 的负方向移动。同理,当步进电动机 2 顺时针方向转动时,Y 方向运动机构将带动 X 方向运动机构连同工作台向 Y 的正方向移动;当步进电动机 2 逆时针方向转动时,X 方向运动机构和工作台向 Y 的负方向移动。如果在工作台上安装一个工作悬臂,该工作悬臂就可以在轨道行程范围平面内做任意轨迹的移动。

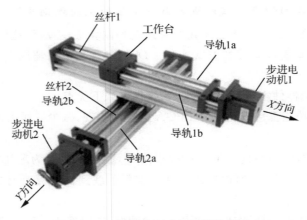

图 6-2　二维运动合成的机械结构图

6.2.2　二维运动合成的轨迹分析

上述运动机构可以看作一个直角坐标系,如图 6-3 所示。当二维运动机构位置处于 O 点,X、Y 均向正方向移动时,则工作平台在第一象限移动;当 X 向负方向移动,Y 向正方向移动时,工作平台在第二象限移动;当 X 向负方向移动,Y 也向负方向移动时,工作平台在第三象限移动;当 X 向正方向移动,Y 向负方向移动时,工作平台在第四象限移动。如步进电动机 1 和步进电动机 2 同时以相同的速度做顺时针转动时,工作台运动轨迹在第一象限做与 X 轴夹角为 45°的直线运动,如图 6-4 所示。因此,在这样一个运动机构中可以实现与 X 轴任意夹角的直线移动,也可以实现在轨道行程范围内平面中的定位。

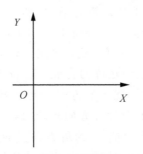

图 6-3　二维运动构成直角坐标系

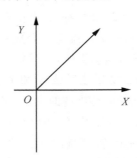

图 6-4　二维运动合成 45°斜直线

如果要实现圆周运动,可以采用如下方法实现:如图 6-5 所示,设圆弧半径为 R,点 1 的坐标为 $(R,0)$,点 2 的坐标为 $(R\cos\theta, R\sin\theta)$,从点 1 到点 2,$X$ 方向的位移量 $\Delta X = R\cos\theta - R$,$Y$ 方向的位移量 $\Delta Y = R\sin\theta - 0$,可以将圆弧按角度分解成若干等份,每点之间的位移量都可以得到。若采用步进电动机驱动,每点之间的位移量除以丝杆螺距,则可以计算出 X 和 Y 方向步进电动机运行的步数。将这些步数以表格的形式存入计算机,程序运行时计算机以查表方式取出数据驱动步进电动机,则可以实现圆周运动。

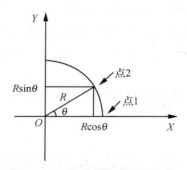

图 6-5　二维运动合成圆周轨迹

采用这种运动合成方法可以实现平面内的任意曲线运动,特别是可以采用查表方式进行控制,程序结构简单,运行速度快。对复杂的曲线,可以采用分段计算方法,设计不同的运行数据表格进行控制。

6.2.3　设计二维运动合成系统时的几个问题

在设计二维运动合成系统时需要注意以下几个问题。

1. 轨迹的光滑性

由于受到步进电动机步距角和丝杆螺距的限制,系统运行的实际行程是一个含有锯齿状的轨迹,在设计中要考虑这个影响,如果不能满足设计要求,必须考虑采用步进电动机细分运行技术来减小锯齿状的影响。

2. 丝杆的回差影响

当丝杆旋转发生转向时,由于丝杆和滑块之间存在回差现象,会产生轨迹偏差。须用软件予以修正。

3. 闭环运行控制

如果系统处于开环运行控制模式,系统结构简单,但是当步进电动机一旦失步或传动机构出现故障,控制器不能及时发现,所以这种控制模式智能化程度较低。如果要实现高精度运行,必须采用闭环运行控制模式。常用的方法可以采用在步进电动机转轴上安装编码器,当步进电动机运行时,检测编码器输出的信号,判断步进电动机是否运行正常;也可以在轨道边安装位移传感器,如光栅尺等,用于检测工作台实际运行的位置是否准确,一旦发现偏差,可以通过软件修正,若修正后仍不能到达正确位置,则控制器可以及时报警提示。

4. 电动机同步运行

X、Y 两个方向的驱动电动机要同步运行,如是描绘轨迹的系统,两者不同步将会出现台阶轨迹,虽然最终坐标定位准确,但在运行过程中将会出现错误轨迹,可以采用硬件和软件相结合的方法加以克服。

5. 速度控制

采用步进电动机实现运动合成,可以实现精确的位移和定位,但由于受到运行频率的限制,一旦超过了步进电动机的最高运行频率,将产生失步,所以在某些设计中采用步进电动机直接驱动不能满足设计要求,必须采用加速措施,较为简单的办法是采用机械方法进行加速,如大齿轮带动小齿轮等,当然这种方式在改变转动方向时,因为回差会产生误差,须消除误差,方法如前所述。

在一些较为复杂的运动合成系统中则可采用伺服系统,通常伺服系统中的伺服电动机既可实现高速运转,同时又可精确定位。

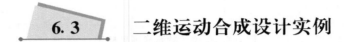

6.3 二维运动合成设计实例

本节以做圆周运动为例,介绍二维运动机构描绘圆周轨迹的设计原理。

6.3.1 设计要求

如前所述,该运动机构采用 X、Y 两个方向的导轨,呈十字结构,步进电动机固定在导轨的端部,电动机在控制器的控制下旋转,通过丝杆带动导轨上的滑块进行运动,如图 6-2 所示。

设计要求:在平面上实现半径为 30 mm 的圆周运动。若采用的丝杆直径为 20 mm,螺距为 1.5 mm,步进电动机型号为 42BYGH34S,整步步距角为 $1.8°$,半步步距角为 $0.9°$。步进电动机整步运行 1 周($360°$),需运行 200 步 $\left(\dfrac{360°}{1.8°}=200\right)$。电动机旋转 $360°$,工作台直线位移为螺距 1.5 mm,则步进电动机运行 1 步,工作台直线位移为 $\dfrac{1.5\ \text{mm}}{200}=0.007\ 5\ \text{mm}$,称为步进距离。

6.3.2 圆周轨迹描绘算法

现以第一象限四分之一圆轨迹描绘为例分析,如图 6-6 所示,当起始位置位于 X 正方向的 $A(30,0)$ 点,运动至 A_1 点,即与 X 轴正方向夹角 $1°$ 处,两点之间的 X 方向位移量 $\Delta X=(30\cos1°-30)\ \text{mm}=-0.004\ 569\ \text{mm}$(负号代表 X 的反方向,步进电动机逆时针旋转能实现),Y 方向位移量 $\Delta Y=(30\sin1°-0)\ \text{mm}=0.523\ 572\ \text{mm}$。由于步进电动机的步进距离为 0.007 5 mm,则从 A 点运动至 A_1 点,X 方向的步进电动机逆时针旋转 $\dfrac{0.004\ 569}{0.007\ 5}=0.609\ 2$ 步,四舍五入,按 1 步计算;Y 方向的步进电动机顺时针旋转 $\dfrac{0.523\ 572}{0.007\ 5}=69.809\ 6$ 步,四舍五入,按 70 步计算。

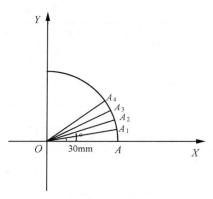

图 6-6　第一象限四分之一圆轨迹逐个取点

依次类推，从 $A_1(1°)$ 点运动至 $A_2(2°)$ 点，逐点的位移增量分别为：$\Delta X = 30(\cos2° - \cos1°)$ mm $\approx -0.013\ 706$ mm，$\Delta Y = 30(\sin2° - \sin1°)$ mm $\approx 0.523\ 413$ mm. 同理得出，X 方向的电动机逆时针步进 2 步，Y 方向的电动机顺时针步进 70 步。由于 X 和 Y 方向的位置函数值并不是整数，同时步进电动机每一步的运行位移为 $0.007\ 5$ mm，运行的步数采用四舍五入方法，因此运行的实际位置与理论位置有偏差，且误差被累积，此种运行方法会导致实际描绘轨迹偏离理想圆周轨迹，所以通常不采用逐点位移增量方法，而采用当前位移点与起始点之间的绝对位移量减去已位移的量，其差就是需运行的步数，这就消除了误差累积的弊端。

为了避免出现误差累积的情况，设计软件时可以采用预先计算每点与起始点之间位移增量，并设计成表格，系统运行时采用查表方法进行处理。

如前所述，从 $A(30,0)$ 点到 $A_1(1°)$ 点，X、Y 方向位移增量分别为 $-0.004\ 569$，$0.523\ 572$，对应方向的电动机分别运行 1 步（逆时针旋转）和 70 步（顺时针旋转）。

从 $A_1(1°)$ 点到 $A_2(2°)$ 点，电动机运行步数采用如下方法。A_2 点与起始 A 点之间的位移增量分别为：$\Delta X = (30\cos2° - 30)$ mm $\approx -0.018\ 275$ mm，$\Delta Y = (30\sin2° - 0)$ mm $\approx 1.046\ 985$ mm，由此计算电动机步进步数：X 方向 $\dfrac{0.018\ 275}{0.007\ 5}$ 步 ≈ 2.44 步 ≈ 2 步（逆时针旋转），Y 方向 $\dfrac{1.046\ 985}{0.007\ 5}$ 步 ≈ 139.60 步 ≈ 140 步（顺时针旋转）。扣除从 A 点到 A_1 点的步数 1 步和 70 步，从 A_1 点到 A_2 点步进步数分别为 1 步（逆时针旋转）和 70 步（顺时针旋转）。依次类推，从 A_2 点到 A_3 点步进步数分别为 3 步（逆时针旋转）和 69 步（顺时针旋转），从 A_3 点到 A_4 点步进步数分别为 5 步（逆时针旋转）和 70 步（顺时针旋转），表 6-1 所示的是 1°—45° X 方向每一步（$\Delta1°$）的 cos 函数值、位移量、距 cos0° 的步数及当前位置点与上一个位置点的相对位移步数增量。

表 6-1　X 方向运行 1°—45°相关参数

$\cos x$ 值	$A=(30\cos x-30)/\text{mm}$	$n_0=A/0.007\,5$（距 $\cos 0°$）步数	n（距 $\cos 0°$实际应运行的步数）	m（本角度应运行步数）
0.999 8(1°)	−0.004 6	0.61	1	1
0.999 4(2°)	−0.018 2	2.43	2	1
0.998 6(3°)	−0.041 1	5.48	5	3
0.997 6(4°)	−0.073 1	9.74	10	5
0.996 2(5°)	−0.114 2	15.22	15	5
0.994 5(6°)	−0.164 3	21.91	22	7
0.992 5(7°)	−0.223 6	29.82	30	8
0.990 3(8°)	−0.292 0	38.93	39	9
0.987 7(9°)	−0.369 3	49.25	49	10
0.984 8(10°)	−0.455 8	60.77	61	12
0.981 6(11°)	−0.551 2	73.49	73	12
0.978 1(12°)	−0.655 6	87.41	87	14
0.974 4(13°)	−0.768 9	102.52	103	16
0.970 3(14°)	−0.891 1	118.82	119	16
0.965 9(15°)	−1.022 2	136.30	136	17
0.961 3(16°)	−1.162 1	154.95	155	19
0.956 3(17°)	−1.310 9	174.78	175	20
0.951 1(18°)	−1.468 3	195.77	196	21
0.945 5(19°)	−1.634 4	217.93	218	22
0.939 7(20°)	−1.809 2	241.23	241	23
0.933 6(21°)	−1.992 6	265.68	266	25
0.927 2(22°)	−2.184 5	291.26	291	25
0.920 5(23°)	−2.384 9	317.98	318	27
0.913 5(24°)	−2.593 6	345.82	346	28
0.906 3(25°)	−2.810 8	374.77	375	29
0.898 8(26°)	−3.036 2	404.82	405	30
0.891 0(27°)	−3.269 8	435.97	436	31
0.882 9(28°)	−3.511 6	468.21	468	32
0.874 6(29°)	−3.761 4	501.52	502	34
0.866 0(30°)	−4.019 2	535.90	536	34
0.857 2(31°)	−4.285 0	571.33	571	35
0.848 0(32°)	−4.558 6	607.81	608	37

续表

cos$x$ 值	$A=(30\cos x-30)/\text{mm}$	$n_0=A/0.007\,5$（距 cos0°）步数	n（距 cos0°实际应运行的步数）	m（本角度应运行步数）
0.838 7(33°)	−4.839 9	645.32	645	37
0.829 0(34°)	−5.128 9	683.85	684	39
0.819 2(35°)	−5.425 4	723.39	723	39
0.809 0(36°)	−5.729 5	763.93	764	41
0.798 6(37°)	−6.040 9	805.46	805	41
0.788 0(38°)	−6.359 7	847.96	848	43
0.777 1(39°)	−6.685 6	891.42	891	43
0.766 0(40°)	−7.018 7	935.82	936	45
0.754 7(41°)	−7.358 7	981.16	981	45
0.743 1(42°)	−7.705 7	1 027.42	1 027	46
0.731 4(43°)	−8.059 4	1 074.59	1 075	48
0.719 3(44°)	−8.419 8	1 122.64	1 123	48
0.707 1(45°)	−8.786 8	1 171.57	1 172	49

注：$A=(30\cos x-30)$ mm，负号表示电动机沿 X 反方向运行。

表 6-2 所示的是 1°—45° Y 方向每一步（$\Delta1°$）的 sin 函数值、位移量、距 sin0°的步数及当前位置点与上一个位置点的相对位移步数增量。

表 6-2 Y 方向运行 1°—45°相关参数

sin$x$ 值	$A=30\sin x$ 值/mm	$n_0=A/0.007\,5$（距 sin0°）步数	n（距 sin0°实际应运行的步数）	m（本角度应运行步数）
0.017 5(1°)	0.523 6	69.81	70	70
0.034 9(2°)	1.047 0	139.60	140	70
0.052 3(3°)	1.570 0	209.34	209	69
0.069 8(4°)	2.092 7	279.03	279	70
0.087 2(5°)	2.614 7	348.62	349	70
0.104 5(6°)	3.135 9	418.11	418	69
0.121 9(7°)	3.656 0	487.48	487	69
0.139 2(8°)	4.175 2	556.69	557	70
0.156 4(9°)	4.693 0	625.74	626	69
0.173 6(10°)	5.209 4	694.59	695	69
0.190 8(11°)	5.724 3	763.24	763	68
0.207 9(12°)	6.237 4	831.65	832	69
0.225 0(13°)	6.748 5	899.80	900	68

$\sin x$ 值	$A = 30\sin x$ 值/mm	$n_0 = A/0.007\,5$（距 $\sin 0°$）步数	n（距 $\sin 0°$实际应运行的步数）	m（本角度应运行步数）
0.241 9(14°)	7.257 7	967.69	968	68
0.258 8(15°)	7.764 6	1 035.28	1 035	67
0.275 6(16°)	8.269 1	1 102.55	1 103	68
0.292 4(17°)	8.771 2	1 169.49	1 169	66
0.309 0(18°)	9.270 5	1 236.07	1 236	67
0.325 6(19°)	9.767 0	1 302.27	1 302	66
0.342 0(20°)	10.260 6	1 368.08	1 368	66
0.358 4(21°)	10.751 0	1 433.47	1 433	65
0.374 6(22°)	11.238 2	1 498.43	1 498	65
0.390 7(23°)	11.721 9	1 562.92	1 563	65
0.406 7(24°)	12.202 1	1 626.95	1 627	64
0.422 6(25°)	12.678 5	1 690.47	1 690	63
0.438 4(26°)	13.151 1	1 753.48	1 753	63
0.454 0(27°)	13.619 7	1 815.96	1 816	63
0.469 5(28°)	14.084 1	1 877.89	1 878	62
0.484 8(29°)	14.544 3	1 939.24	1 939	61
0.500 0(30°)	15.000 0	2 000.00	2 000	61
0.515 0(31°)	15.451 1	2 060.15	2 060	60
0.529 9(32°)	15.897 6	2 119.68	2 120	60
0.544 6(33°)	16.339 2	2 178.56	2 179	59
0.559 2(34°)	16.775 8	2 236.77	2 237	58
0.573 6(35°)	17.207 3	2 294.31	2 294	57
0.587 8(36°)	17.633 6	2 351.14	2 351	57
0.601 8(37°)	18.054 5	2 407.26	2 407	56
0.615 7(38°)	18.469 8	2 462.65	2 463	56
0.629 3(39°)	18.879 6	2 517.28	2 517	54
0.642 8(40°)	19.283 6	2 571.15	2 571	54
0.656 1(41°)	19.681 8	2 624.24	2 624	53
0.669 1(42°)	20.073 9	2 676.52	2 677	53
0.682 0(43°)	20.460 0	2 727.99	2 728	51
0.694 7(44°)	20.839 8	2 778.63	2 779	51
0.707 1(45°)	21.213 2	2 828.43	2 828	49

表 6-1 和表 6-2 所示的是每点与起始点之间的位移增量和步进步数,给出了相邻点之间的步进步数,避免了误差累积,能够较准确地实现轨迹描绘。

　　由于 X 方向 46°—90°是 0°—44°的镜像,所以 X 方向 46°—90°的运行步数可以使用 Y 方向 sin0°—sin44°函数值计算得出的运行步数,即表 6-2 的数据。同理,Y 方向 46°—90°的运行步数可以使用 X 方向 cos0°—cos44°函数值计算得出的运行步数,即表 6-1 的数据。同时第二象限是第一象限的镜像,第三、第四象限是第一、第二象限的镜像,则可分别做对称处理。需要注意的是,驱动 X、Y 方向的步进电动机转动方向,如图 6-2 所示的机械结构,从 A 点开始逆时针描绘圆轨迹的运动时,第一、二象限 X 方向的步进电动机逆时针转动,在第三、四象限顺时针转动;而驱动 Y 方向的步进电动机在第一、四象限顺时针转动,在第二、三象限逆时针转动。

　　驱动步进电动机运行的硬件电路可参阅本书第 5 章电动机驱动控制技术的相关内容进行设计。

第7章

微控制器接口技术应用

电子技术发展到当今,其已完全与微处理技术结合在一起。可以这样认为,电子技术应用产品的设计几乎都融入了微处理器技术应用。本章将介绍基本的电子电路与微处理器的接口,其中包括数字量、模拟量、信号处理等与微处理器的接口技术。

7.1 数字量的输入/输出

电子电路设计中经常需要处理数字量的输入/输出问题,如被测参数、状态等信息通过输入通道进入微处理器,这些信息经微处理器分析、处理后,根据需要将测量结果显示、打印、传送等,或将控制命令等通过输出通道送至执行机构。本节主要介绍数字量输入/输出通道,包括开关量输入/输出和脉冲量输入/输出。

7.1.1 开关量输入/输出(开关信号的输入/输出)

开关量信号是一类基本的输入/输出信号。这类信号包括:开关的闭合和断开,指示灯的点亮和熄灭,继电器或接触器的吸合和释放,电动机的启动和停止,等等。这些信号的最大特点是:只有两种状态,因此可用二进制数的0和1表示。

开关量输入/输出通道的结构原理分别如图 7-1(a)和图 7-1(b)所示。图 7-1(a)中,来自被测现场的开关量输入信号通过开关电路转换成能被微处理器识别的数字信号,然后通过输入缓冲器送入计算机。图 7-1(b)中,由主机电路送出的数字信号存于输出锁存器,锁存信号经驱动电路后,作为开关量输出信号送至现场执行机构,控制其工作。

(a)开关量输入通道　　　　　　　　　(b)开关量输出通道

图 7-1　开关量输入/输出通道的结构

1.　开关量输入

开关量输入通道输入的是外部设备、装置或过程的状态信号,信号的形式可以是电压、电流或开关的触点等。根据不同的输入信号形式,应采用不同的信号转换电路。

当输入信号为开关的触点时,相应的转换电路如图 7-2 所示,该电路能使开关的通断转换成电平信号的高低。当输入信号为电压或电流时,相应的转换电路如图 7-3 所示,其中图 7-3(a)为电压信号输入电路,图 7-3(b)为电流信号输入电路。

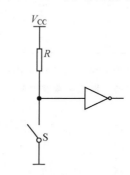

图 7-2　开关触点输入电路

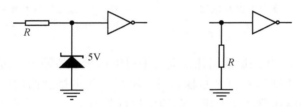

（a）电压信号输入电路　　　　（b）电流信号输入电路

图 7-3　电压、电流信号输入电路

图 7-4 所示的是单片机利用 P1.0、P1.1、P1.2 输入三个开关量实现三个按键功能的电路,单片机通过测试 P1.0、P1.1、P1.2 口线的电平高低,判断相应的按键是否按下。

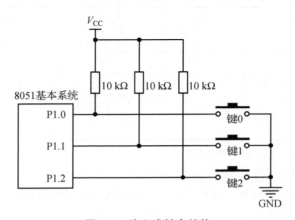

图 7-4　独立式键盘结构

开关量的输入应采用适当的保护措施,防止过电压、瞬态尖峰或反极性信号损坏输入接口电路。图 7-5 中的(a)和(b)分别为采用齐纳二极管和压敏电阻的保护电路。图 7-6 所示的是采用二极管防反极性信号的保护电路,图 7-7 所示的是采用一个拑位二极管并在输入回路串接限流电阻防止过电压输入的保护电路。

在一些输入回路较为复杂的情况下,必须采用光电耦合器进行隔离,以防止外部干扰信号通过输入回路干扰微机系统的工作。

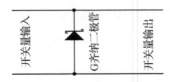
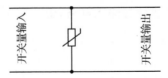

（a）采用齐纳二极管的保护电路　　（b）采用压敏电阻的保护电路

图 7-5　瞬态尖峰保护电路

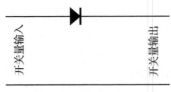

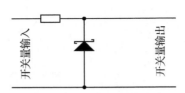

图 7-6　反极性保护电路　　　　　**图 7-7　过电压保护电路**

2. 开关量输出

在电子电路设计中,开关量输出往往需要通过输出锁存器输出二进制信号对某些电路或器件进行控制,如 LED;有些开关量输出设备可以用集电极开路门驱动,如灵敏继电器;有些开关量输出设备需用驱动功率更大的器件进行驱动。

（1）微机并行输出接口的驱动能力

开关量的输出常采用 TTL、CMOS 接口电路,这些接口电路的负载能力见表 7-1。由表 7-1 可知,输出接口的功率驱动能力较低。

表 7-1　数字逻辑电路的额定负载能力

逻辑电路类型	输出高电平/V	拉电流值/mA	输出低电平/V	灌电流值/mA
标准 TTL 逻辑	2.4	−0.4	0.4	16
LSTTL 逻辑	2.4	−0.4	0.4	1—8
带大电流缓冲器的 LSTTL 逻辑	2.4	−12.0	0.4	24
标准 CMOS 逻辑	4.99	−1.6	0.01	0.5
高速 CMOS 逻辑	4.99	−5.0	0.01	0.5

（2）中低功率开关量输出驱动接口

① 低功率开关量输出驱动接口。

开关量输出接口驱动的某些器件,如灵敏继电器、LED 数码显示器、液晶显示器、报警器及指示灯等属于低功率负载。

对于由 LED 构成的报警器或指示灯这样的低功率负载而言,可采用 TTL 接口电路直接驱动,如图 7-8 所示。当需要驱动较大功率的负载时(如中功率继电器),可采用如图 7-9

所示的驱动方式。

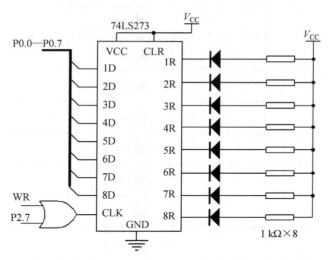

图 7-8　通过 74LS273 驱动 8 个 LED

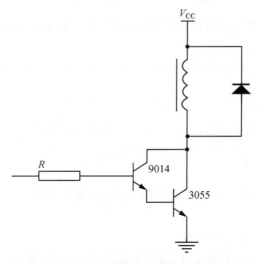

图 7-9　用达林顿结构晶体管驱动继电器

② 中功率开关量输出驱动接口。

如图 7-10 所示的输出驱动器 ULN2804 每路吸收电流最大可达 500 mA。它具有并行 8 路 OC 输出，并且在内部包含了相连的续流二极管。这一系列的驱动电路还有 ULN2801、ULN2802、ULN2803。功率场效应管也称功率 MOSFET（metal-oxide silicon field effect transistor），它是一种常用的中等功率的开关控制驱动器件。与双极型晶体管相比，它有下述几个优点：

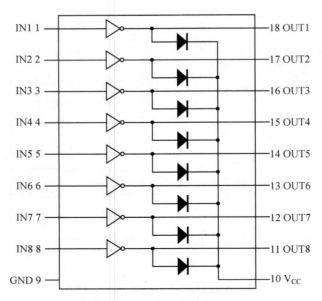

图 7-10　ULN2804 的内部结构

• 由于功率场效应管是多数载流子导电,不存在少数载流子的储存效应,因而 MOS-FET 有较高的开关速度。

• 具有较宽的安全工作区而不会产生热点,同时,由于它是一种具有正电阻温度系数的器件,因此可并联使用。

• 具有较高的可靠性。

• 具有较强的过载能力,短时过载能力通常为额定值的 4 倍。

• 具有较高的开启电压,即阈值电压(该电压达 2—6 V),因此有较高的噪声容限和抗干扰能力。

• 由于是电压控制器件,具有很高的输入阻抗,因此驱动功率很小,对驱动电路要求较低。

③ 采用 TTL 集成电路的驱动方式。

由于功率场效应管绝大多数是由 VMOS 或 TMOS 工艺制成的,因此它们是由电位控制而不是由电流控制的。这样,小小功率的 TTL 集成电路也就足以驱动大功率的场效应管。但是,由于 TTL 集成电路通常的输出高电平大约为 3.5 V,而功率场效应管的导通门槛电压一般为 2—4 V,因此在驱动电路中不采用一般的 TTL 集成电路,而采用集电极开路的 TTL 集成电路。

在集电极开路的 TTL 集成电路驱动电路中,为提高输出驱动电平的幅值,可以通过一个上拉电阻接到＋5 V 电源;不过,为了保证能有足够高的电平驱动功率场效应管导通,也为了保证它能迅速截止,在实际中则把上拉电阻接到＋10—＋15 V 电源。

集电极开路 TTL 集成电路驱动功率场效应管的电路原理图如图 7-11 所示。功率场效应管的浮栅(栅极)对于它的源极而言形成了一个电容,这是功率场效应管的输入电容;TTL 集成电路的输出端在导通时可以吸入电流,而截止时可拉出电流;吸入电流和拉出电流越大的 TTL 集成电路越利于提高功率场效应管的开关速度。

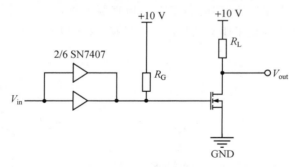

图 7-11　TTL 集成电路驱动功率场效应管

表 7-2 给出了 TTL 集成电路的吸入电流和拉出电流。当驱动功率场效应管时,上拉电阻的大小决定了 TTL 集成电路的吸入电流,并且吸入电流也受 TTL 集成电路的输入信号的影响,在应用中也应考虑这些因素。

表 7-2　TTL 集成电路的吸入电流和拉出电流

TTL 集成电路	输出高电平时拉出电流/mA	输出低电平时吸入电流/mA
74LS 系列	0.4	8.0
74 系列	0.8	16
9000 系列	0.8	16
74H 系列	1.0	20
74S 系列	1.0	20

有时为了保证功率场效应管有更快的开关速度,在 TTL 集成电路和功率场效应管之间加上一级晶体管。在图 7-12(a)中,晶体管可加速功率场效应管的导通速度并减小功耗;在图 7-12(b)中,晶体管接成互补式,它们既可以提高功率场效应管的导通速度,也可以提高它的截止速度。

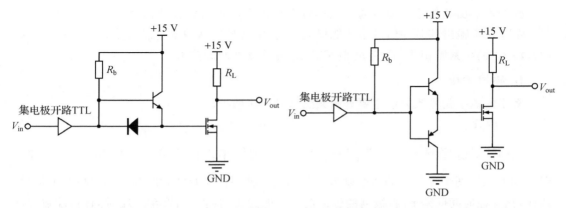

（a）利用晶体管加速功率场效应管的导通速度　　（b）利用互补式晶体管加速功率场效应管的导通速度

图 7-12　TTL 集成电路加晶体管驱动功率场效应管

在某些开关量的输出电路中,其驱动的负载供电电压与微处理器接口电路的输出电平不匹配,这就需要进行电平转换,同时为了有效地克服干扰,可采用如图 7-13 所示的光电耦合器进行隔离,这样既实现了驱动信号的电平转换,又可以防止干扰信号影响微机系统。

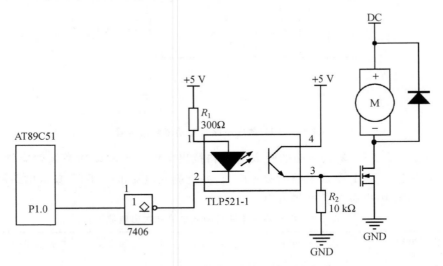

图 7-13 采用光电耦合器进行隔离驱动电动机

7.1.2 脉冲量输入/输出(脉冲信号的输入/输出)

脉冲量输入/输出是数字量输入/输出的另一个需处理的重要问题。光电转换器、霍尔传感器等输出的信号,数字式传感器直接输出的频率信号,积累式仪表如电量计、流量计的变送器输出的频率信号等是常见的脉冲量输入信号。这些信号通常经过如图 7-1(a)中的开关电路后,以标准 TTL 电平送到微处理器系统的数字量输入接口。该输入接口一般包含计数电路。计数电路常为单片机等嵌入式处理器内嵌的计数器或由 FPGA/CPLD 等实现的专用计数电路。

脉冲量输出是指输出通道输出频率可变或占空比可变的脉冲信号。采用脉冲宽度调制 PWM 技术输出的脉冲信号是智能仪器、设备中常见的脉冲量输出信号。下面讨论与脉冲量输入/输出紧密相关的数字化测频方法、脉冲宽度调制技术。

1. 脉冲量输入

常用的数字化测频方法主要有测频法和测周法两种。

(1) 测频法

测频法是按照频率的定义 $\left(f=\dfrac{N}{t}\right)$ 对信号的频率进行测量的一种方法,其原理如图 7-14所示。图中在与门的两个输入端分别输入被测信号及持续时间为 t 的高电平信号。这样,只有在时间间隔 t 内,被测的脉冲信号才能通过与门。如果在这段时间内,计数器的计数值为 N,则被测信号的频率可表示为 $f=\dfrac{N}{t}$。

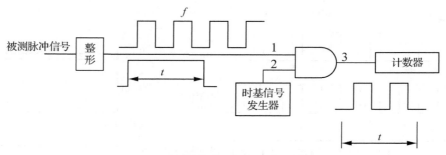

图 7-14　测频法测量信号频率的原理图

（2）测周法

测周法是先对信号的周期 T 进行测量，然后根据 $f=\dfrac{1}{T}$ 得到信号的频率。

在图 7-15 中，与门输入端之一为方波信号。在高电平期间（这段时间等于被测信号的周期），该与门另一输入端由标准频率源产生的脉冲信号 f_{φ} 可以通过与门。这样，通过对与门输出端的脉冲计数，就可得到被测信号的周期 $T=\dfrac{N}{f_{\varphi}}$，换算成频率 $f=\dfrac{f_{\varphi}}{N}$。

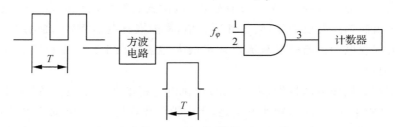

图 7-15　测周法测量信号周期的原理图

2. 脉冲量输出

脉冲量输出的典型应用是脉冲宽度调制 PWM 技术，其广泛应用在数字量输出的各种应用场合，如直流电压的调节等。脉冲宽度调制 PWM 输出的工作原理如图 7-16 所示。图 7-16（a）为脉冲信号频率固定$\left(\text{频率为}\dfrac{1}{t_{\mathrm{H}}+t_{\mathrm{L}}}\right)$但占空比$\left(\dfrac{t_{\mathrm{H}}}{t_{\mathrm{PWM}}},t_{\mathrm{PWM}}=t_{\mathrm{H}}+t_{\mathrm{L}}\right)$可调的 PWM 信号，图 7-16（b）为（a）中 PWM 信号的平均值。由图可见，可以通过控制每个 PWM 周期（$t_{\mathrm{PWM}}=t_{\mathrm{H}}+t_{\mathrm{L}}$）内高电平时间（$t_{\mathrm{H}}$）的长短（占空比）来调节输出信号平均值的大小（图中所示的输出平均值是理想值，实际输出随 PWM 的频率有微小波动）。也就是说，图 7-16（a）所示的数字信号经滤波后转换成了图 7-16（b）所示的模拟信号，即通过 PWM 及相关的辅助电路可实现数字量（D）到模拟量（A）的转换（D/A 转换），并且占空比可调节的范围越细小，滤波后输出的模拟信号的分辨率越高。

由于某些单片机没有专门的 PWM 发生器，所以常用单片机内部的定时器配合一个I/O 引脚来产生。近年来，自带 PWM 功能的单片机不断推出，如 C8051 系列单片机就具有 5 个 16 位 PWM 发生器，使用极为方便。

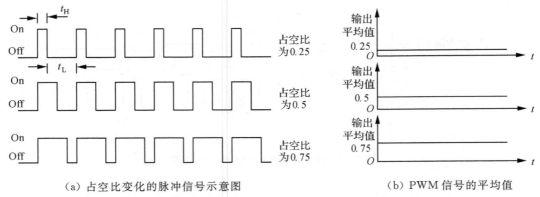

（a）占空比变化的脉冲信号示意图　　　　　（b）PWM信号的平均值

图7-16　脉冲宽度调制PWM输出的工作原理

PWM技术特别适合应用在控制技术中,如前所示的直流电动机的调速、交流电动机的变频调速技术,也可用于直流伺服电动机的控制。

直流伺服电动机有电磁式、永磁式、杯形电枢式、无槽电枢式、圆盘电枢式、无刷式等多种类型,还有一种特殊的直流力矩电动机。不管哪种类型的直流伺服电动机,它们都是由定子和转子两大部分组成的,定子上装有磁极(电磁式直流电动机的定子磁极上还绕有励磁绕组),转子由硅钢片叠压而成,转子外围有槽,槽内嵌有电枢绕组,绕组通过换向器和电刷引出。直流伺服电动机与一般直流电动机最大的区别在于其电枢铁芯长度与直径之比较大,而气隙则较小。

在励磁式直流伺服电动机中,电动机的转速由电枢电压决定,在励磁电压和负载转矩恒定时,电枢电压越高,电动机转速就越高,当电枢电压降至0时,电动机停转,当电枢电压极性改变时,电动机就反转。所以,直流伺服电动机的转速和转向可以通过控制电枢电压的大小和方向来实现。

用PWM技术实现直流伺服电动机开环调速的结构原理图如图7-17所示。

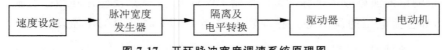

图7-17　开环脉冲宽度调速系统原理图

采用场效应管作为驱动器的开环PWM直流伺服电动机调速系统的原理如图7-13所示。图中,单片机的P1.0输出的PWM信号通过光电耦合器隔离后由场效应管驱动电动机。

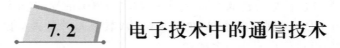

7.2　电子技术中的通信技术

电子技术设计中经常需要设计系统间的通信接口,从而完成系统间的信息交换。由于总线的数据传输方式基本已从并行向串行转变,本节主要介绍常用串行通信总线标准、串行接口驱动器/接收器、系统间的双机和多机通信技术。

串行通信有两种基本通信方式,即异步通信和同步通信。串行通信的传送方向通常有三种:第一种传送方式为单工,即只允许数据向一个方向传送;第二种传送方式为半双工,即允许数据向两个方向中的任一方向传送,但每次只能有其中一个站点发送,另一个站点接收;第三种传送方式为全双工,即允许同时双向传送数据,全双工传送方式要求两端的通信设备都具有完整和独立的发送和接收能力。

通信双方为传递相互理解的信息,就需要有共同的"语言"。通信设备之间的连接,也需要使用相同的标准接口。所谓标准接口,就是对接口电路所使用连接部件的尺寸、信号的名称和作用、电气参数及时序等做出统一的规定,使接口电路通用化、标准化。

7.2.1　通信速度和通信距离

通常的标准串行接口的电气特性都要满足可靠传输时的最大通信速度和传送距离的指标。例如,采用 RS-232C 标准进行数据传输时,最大数据传输速率为 20 kbps,最大传送距离为 15 m。但这两个指标之间具有相关性,适当降低通信速度,可以提高通信距离;反之亦然。如采用 RS-422 标准时,最大传输速率可达 10 Mbps,最大传送距离为 300 m,在适当降低数据传输速率后,传送距离可达到 1 200 m。

通常选择的标准接口在保证不超过其使用范围时都有一定的抗干扰能力,以保证可靠的信号传输。但在一些工业测控系统中,通信环境往往十分恶劣,因此在选择通信介质、接口标准时要充分注意其抗干扰能力,并采取必要的抗干扰措施。例如,在长距离传输时,使用 RS-422 标准,能有效地抑制共模信号干扰;使用 20 mA 电流环技术,能大大降低对噪声的敏感程度;使用光纤介质,能减少电磁噪声的干扰;采用光电隔离,可减少电源引入的干扰。

7.2.2　RS-232C 总线标准接口

美国电气工业协会(EIA)于 1969 年推荐的 RS-232C 仍是目前最常用的串行通信总线接口之一。RS-232C 标准接口是使用二进制进行交换的数据终端设备(DTE)和数据通信设备(DCE)之间的接口。计算机、外设、显示终端等都属于数据终端设备,而调制解调器则是数据通信设备。RS-232C 在通信线路中的连接方式如图 7-18 所示。

图 7-18　RS-232C 在通信线路中的连接方式

RS-232C 中的 RS 是 recommended standard 的缩写,232 是标识符,C 表示此标准是 RS-232A、RS-232B 修改后的标准。

1. RS-232C 信号引脚

RS-232C 总线采用标准的 DB-25 或 DB-9 芯连接器,如图 7-19 所示。表 7-3 给出了 RS-232C 各引脚的助记符和功能。目前 DB-25 芯已被淘汰。DB-9 连接器有两种连接方法：一种采用 3 根连线，即 2(RXD)、3(TXD)和 5(SG)，采用 3 根连线的称为简易连接法；
另一种是 9 根连线全部连接，采用 9 根连线的称为标准连接法。

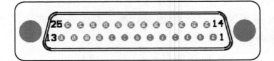
DB-25

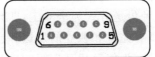
DB-9

图 7-19　RS-232C 连接器

表 7-3　RS-232C 各引脚的助记符和功能

DB-9	DB-25	助记符	功能
1	8	DCD	数据载波检测(dala carrier detect)
2	3	RXD	接收数据(received data)
3	2	TXD	发送数据(transmit data)
4	20	DTR	数据终端就绪(data terminal ready)
5	7	SG	信号地(signal ground)
6	6	DSR	数据装置就绪(data set ready)
7	4	RTS	请求发送(request to send)
8	5	CTS	清除发送(clear to send)
9	22	RI	振铃指示(ring indicator)

2. RS-232C 电气特性及电平转换

微机中的信号电平一般为 TTL 电平，即大于 2.0 V 为高电平，低于 0.8 V 为低电平。
如果在长距离通信时，仍采用 TTL 电平，很难保证通信的可靠性。为了提高数据通信的可
靠性和抗干扰能力，RS-232C 采用负逻辑，信号源逻辑"0"(空号)电平范围为＋5—＋15 V，
信号源逻辑"1"(传号)电平范围为－5——15 V，目的地逻辑"0"电平范围为＋3—＋15 V，
目的地逻辑"1"电平范围为－3——15 V，噪声容限为 2 V，负载电阻为 3—7 kΩ，如图 7-20
所示。

通常 RS-232C 总线的逻辑"0"用＋12 V 表示，逻辑"1"用－12 V 表示。电平转换目前
常用专门集成电路来实现，如采用 MAX232 芯片。

3. RS-232C 总线连接系统的方法

RS-232C 被设计为连接数据终端设备(data terminal equipment，简称 DTE)与数据电
路终端设备(data circuit-terminating equipment，简称 DCE)之间的连接总线。DTE 可以
是一台计算机、数据终端或外部设备，DCE 可以是一台计算机、调制解调器或数据通信设
备。DTE 与 DCE、DTE 与 DTE 之间可通过 RS-232C 进行连接。

两台计算机作为 DTE，通过 RS-232C 进行简单的连接，如图 7-21 所示。两台 DTE 连
接时，RS-232C 中的 TXD 与 RXD 要交叉相连。这种采用三线制的连接法称为简易连
接法。

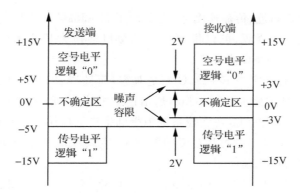

图 7-20　RS-232C 电平信号

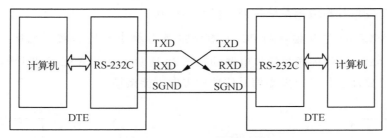

图 7-21　DTE 之间的简单连接

　　一台计算机作为 DTE，与一台数据设备 DCE 通过 RS-232C 进行简单的连接，如图 7-22 所示。DTE 与 DCE 连接时，RS-232C 中的 TXD 与 RXD 不用交叉相连。

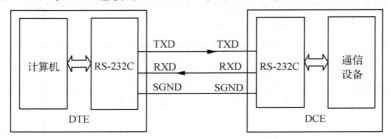

图 7-22　DTE 与 DCE 之间的简单连接

　　有些设备的 RS-232C 接口设计采用标准连接法，此时需要了解 RS-232C 各信号线的定义。其中，DCD 数据载波检测、RI 振铃指示仅在传统的电话线路中才会用到。

　　一个 DTE 设备与一个 DCE 设备的标准连接，需要 DB-9 连接器所有连线一对一连接。两个 DTE 设备之间的标准连接，需要一对数据线和两对握手信号线的交叉连接和信号地的连接，即 RXD—TXD(2－3 和 3－2)、RTS—CTS(7－8 和 8－7)、DTR—DSR(4－6 和 6－4)的交叉连接，SG—SG(5－5)的直接连接。有些 RS-232C 驱动软件需要标准连接，若检测不到握手信号，就不能正常工作，为此可将 DTE 设备的两对握手信号线自身相连，即 RTS—CTS(7－8)、DTR—DSR(4－6)自身相连，驱动软件也能正常工作了。

4. RS-232C 与其他串行接口的转换

　　由于 RS-232C 异步串行接口标准制定得比较早，应用非常广泛，曾经是许多计算机的标准配置。但其传输距离近、传输速度低,也限制了 RS-232C 的应用范围。为了利用原有 RS-232C 异步串行接口的资源,可以将 RS-232C 接口转换为其他串行接口。常见的是将 RS-232C 转换为 RS-485、USB 接口等。

RS-485 通信接口的时序与 RS-232C 完全兼容,而且与 RS-232 相比,其性能得到了极大的提升。RS-485 的传输距离可达 1 km,通信速率可达 1 Mbps,并能形成多个设备之间的通信网,有较强的抗干扰能力,在测控系统中得到了广泛应用。单片机上 TTL 电平的串行接口、RS-232C 电平的接口都可通过专门的 RS-485 转换芯片形成 RS-485 通信接口,原先的程序不需要修改就能继续使用。

RS-232C 通信接口也可通过专门电路转换为 USB 接口,与 PC 相连接。PC 配上相应的驱动软件,则相当于安装上了 RS-232C 通信接口,原先用于 RS-232C 接口的软件都能正常工作,这对开发单片机应用系统带来了极大的便利。

5. 采用 MAX232 芯片接口的 PC 与 MCS-51 单片机串行通信接口电路

采用 MAX232 芯片的通信接口电路如图 7-23 所示。从 MAX232 芯片两路中任选一路作为接口,需要注意的是收发端信号传输的方向不能接错。

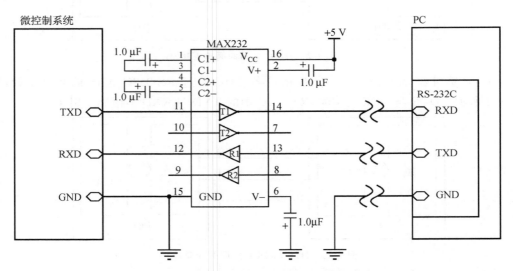

图 7-23　采用 MAX232 芯片的通信接口电路

7.2.3　RS-449/422A/423A/485 标准总线接口及其应用

早期推出的 RS-232C 虽然使用广泛,但缺点也不少,已不能满足现代网络通信的许多要求,主要表现如下:

• 数据传输速率慢。RS-232C 规定的最大 20 kbps 的传输速率远不能满足用户日益增长的传输速率要求。

• 传送距离短。RS-232C 接口一般规定电缆长度在 15 m 以内,即使有较好的线路器件、优良的信号质量,电缆长度也不会超过 60 m。

• 未规定标准的连接器,因而出现了互不兼容的 25 芯和 9 芯连接器。

- 接口处各信号间容易产生串扰。

鉴于 RS-232C 接口的上述缺点,EIA 在 1977 年制定了新标准 RS-449,该标准于 1980 年成为美国标准。新标准除了与 RS-232C 兼容外,还在提高传输速率、增加传输距离、改进电气性能方面做了很大努力,并增加了 RS-232C 接口未用的测试功能,明确规定了标准连接器,解决了机械接口问题。

RS-449 标准定义了在 RS-232C 中所没有的 10 种电路功能,可以支持较高的数据传送速率、较远的传输距离,提供平衡电路,改进接口的电气特性,规定了 37 脚的连接器。

1. RS-449 标准接口

RS-449 在很多方面可代替 RS-232C。两者的主要差别是信号在导线上的传输方法不同。RS-232C 利用传输信号线与公共地之间的电压差,而 RS-449 则利用信号导线之间的信号电压差,可在 1 200 m 的双绞线上进行数字通信,速率可达 90 kbps。RS-449 可以不使用调制解调器,它比 RS-232C 传输速率高,通信距离长,由于 RS-449 系统用平衡信号差电路传输高速信号,所以噪声低,又可以多点或者使用公用线通信,两台以上的设备可与 RS-449 通信电缆并联。

RS-449 规定了两种标准接口连接器:一种为 37 脚,另一种为 9 脚。两种连接器的引脚排列顺序见表 7-4 和表 7-5。

表 7-4 RS-449 的 37 脚连接器输出引脚

引脚号	信号名称	引脚号	信号名称
1	屏蔽	20	接收公共端
2	信号速率指示器	21	空脚
3	空脚	22	发送数据(公共端或参考点)
4	发送数据	23	发送时钟(公共端或参考点)
5	发送同步	24	接收数据(公共端或参考点)
6	接收数据	25	请求发送(公共端或参考点)
7	请求发送	26	接收同步(公共端或参考点)
8	接收同步	27	允许发送(公共端或参考点)
9	允许发送	28	终端正在服务
10	本地回测	29	数据模式
11	数据模式	30	终端就绪(公共端或参考点)
12	终端就绪	31	接收就绪(公共端或参考点)
13	接收设备就绪	32	备用选择
14	远距离回测	33	信号质量
15	来话呼叫	34	新信号
16	信号速率选择/频率选择	35	终端定时(公共端或参考点)
17	终端同步	36	备用指示器
18	测试模式	37	发送公共端
19	信号地		

注:标有公共端或参考点的信号是 RS-423A 的公共端,而且也是 RS-422A 的两个参考线之一,没有规定功能的两个引脚的那些信号必须与 RS-423A 驱动的接收器兼容。

表 7-5　RS-449 的 9 脚连接器输出引脚

引脚号	信号名称	引脚号	信号名称
1	屏蔽	6	接收器公共端(用于次信道)
2	次信道接收就绪	7	次信道发送请求
3	次信道发送数据	8	次信道发送就绪
4	次信道接收数据	9	发送公共端(用于次信道)
5	信号地		

2. RS-422A 标准接口

RS-422A 是 RS-449 标准的子集。RS-422A 与 RS-232C 的主要差别是信号在导线上的传输方式不同。RS-232C 利用传输信号线与公共地之间的电压差,而 RS-422A 则利用信号导线之间的信号电压差,其标准是双端线传送信号。它具体通过传输线驱动器,把逻辑电平变换成电位差,完成始端的信息传送;通过传输线接收器,把电位差转变成逻辑电平,实现终端的信息接收。RS-422A 比 RS-232C 传输信号距离长,速度快,传输速率最大为 10 Mbps,在此速率下电缆允许长度为 120 m。如果采用较低的传输速率,如 90 000 波特率时,最大距离可达 1 200 m。

RS-422A 每个通道要用两条信号线,如果其中一条是逻辑"1"状态,另一条就为逻辑"0"状态。

RS-422A 电路由发送器、平衡连接电缆、电缆终端负载、接收器几部分组成。在电路中规定只允许有一个发送器,可有多个接收器,因此通常采用点对点通信方式。该标准允许驱动器输出为±2 V 至±6 V,接收器可以检测到的输入信号电平可低到 200 mV。

(1) 传输线驱动器和接收器

RS-422A 与 TTL 的电平转换芯片有传输线驱动器 SN75174 和传输线接收器 SN75175,其内部结构及引脚如图 7-24 所示。

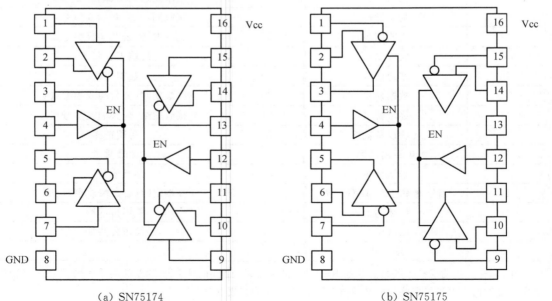

(a) SN75174　　　　　(b) SN75175

图 7-24　RS-422A 电平转换芯片 SN75174 和 SN75175

SN75174 是一具有三态输出的单片四差分线驱动器,其设计符合 EIA 标准 RS-422A 规范,适用于噪声环境中长总线线路的多点传输,该片采用＋5 V 电源供电,功能上可与 MC3487 互换。SN75175 是具有三态输出的单片四差分接收器,其设计符合 EIA 标准 RS-422A 规范,适用于噪声环境中长总线线路上的多点总线传输,该片采用＋5 V 电源供电, 功能上可与 MC3486 互换。

（2）RS-422A 接口电路

图 7-25 是 RS-422A 接口电路电平转换示意图,发送器 SN75174 将 TTL 电平转换成标准的 RS-422A 电平,接收器 SN75175 将 RS-422A 接口信号转换成 TTL 信号。

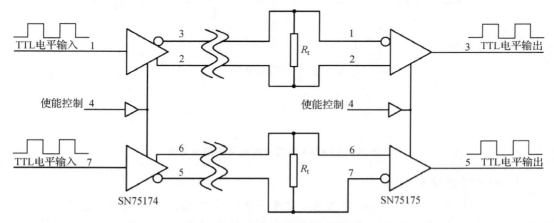

图 7-25　RS-422A 接口电路电平转换示意图

3. RS-423A 标准接口

RS-423A 也是 RS-449 标准的子集。RS-423A 规定为单端线,而且与 RS-232C 兼容。 RS-423A 驱动器在 90 m 长的电缆上传送数据的最大速率为 100 kbps,若降低至 1 000 bps, 则允许电缆长度为 1 200 m。RS-423A 允许在传送线上连接多个接收器,接收器为平衡传输接收器,因此允许驱动器和接收器之间有对地电位差。

图 7-26 是 RS-423A 接口电路电平转换示意图,电路中采用的驱动器和接收器分别是 DS3691 和 DS26LS32 电路,可用来将 TTL 电平信号转换为 RS-423A 接口信号,也能将 RS-423A 接口信号转换为 TTL 电平信号。

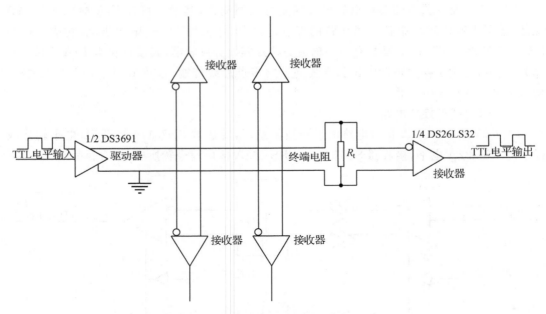

图 7-26　RS-423A 接口电路电平转换示意图

4. RS-485 标准接口

　　RS-485(半双工)是 RS-422 的变型,它是一种多发送器的电路标准,它扩展了 RS-422A 的性能,允许双导线上一个发送器驱动 32 个负载设备。负载设备可以是被动发送器、接收器或收发器(发送器和接收器的组合)。RS-485 电路允许共用电话线通信。电路连接采用了在平衡连接电缆两端接 120 Ω 终端电阻,通过接口驱动电路接发送器、接收器、组合收发器,如图 7-27 所示。

　　RS-485 标准没有规定在何时控制发送器发送数据或接收器接收数据的规则,电缆选择比 RS-422A 更严格。RS-485 最简单的情况可由两条信号电路线组成。每条连接电路必须有接地参考点,该电缆能支持 32 个发送/接收器对。每个设备一定要接地。该电缆应包括连至每个设备电缆地的第三信号参考线,也可使用接到设备机壳的屏蔽电缆。

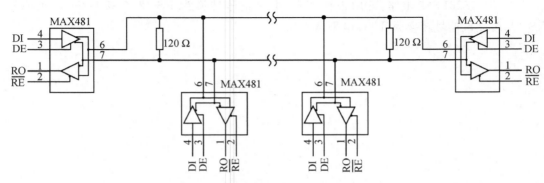

图 7-27　典型半双工 RS-485 通信网络

（1）远程多机系统

远程多机系统可采用由 MAX48×/49× 系列收发器组成的差分平衡系统,其抗干扰能力强,接收器可检测到低达 200 mV 的信号,因此特别适用于远距离通信。

MAX481/MAX483/MAX485/MAX487 和 MAX489/MAX491 可用于总线（母线、合用线）系统。图 7-27 为典型半双工 RS-485 通信网络,图中驱动器有使能控制端 DE。当驱动器被禁止时,输出端为高阻态,因而接收器具有高的输入阻抗,处于禁止状态的驱动器和其他挂在传输线上的接收器不会影响信号的正常传送,故多个驱动器和接收器可共享一条公用传输线。

图 7-27 中各驱动器分时使用传输线（不发送数据的驱动器应被禁止）。网络上可挂 32 个站（MAX481/MAX483/MAX485）。如果使用 MAX487 作为站的收发器,由于它输入阻抗是标准接收器的 4 倍,故网络上可挂 32×4＝128 个站。由 MAX489/MAX491 可组成全双工 RS-485 通信网,其线路连接如图 7-28 所示。

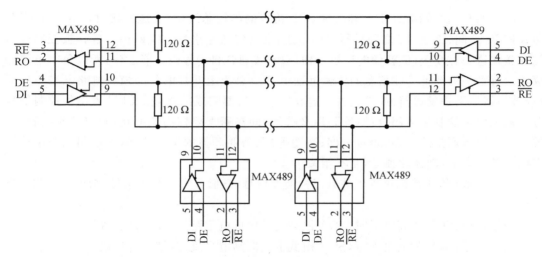

图 7-28　MAX489/491 全双工通信网线路连接

（2）传输线的选择和阻抗匹配

在差分平衡系统中,一般选择双绞线作为信号传输线。由于双绞线在长度、方向上完全对称,因而它们所受的外界干扰程度完全相同,干扰信号以共模方式出现。在接收器的输入端由于共模干扰受到抑制,所以能实现信号的可靠传送。

信号在传输线上传送,若遇到阻抗不连续的情况,会出现反射现象,从而影响信号的远距离传送,因此必须采用匹配的方法来消除反射,一般可以在线路终端并接终端电阻来消除波反射。大多数的通信协议均要求在总线尾端并接终端电阻,以消除波反射。这个终端电阻也就是图 7-28 中总线尾端的 120 Ω 电阻。需要注意的是,终端电阻仅能在线路最末端使用,不能超过 2 个;否则将加重线路负荷,引起端口过载。

7.2.4　I²C 总线

I²C(inter-integrated circuit)总线是一种由 PHILIPS 公司开发的两线式串行总线,用

于连接微控制器及其外围设备。I²C总线产生于 20 世纪 80 年代,最初为音频和视频设备开发,如今主要在服务器管理中使用,其中包括单个组件状态的通信。例如,管理员可对各个组件进行查询,以管理系统的配置或掌握组件的功能状态,如电源和系统风扇;可随时监控内存、硬盘、网络、系统温度等多个参数,增加了系统的安全性,方便了管理。

1. I²C 总线的特点

I²C 总线最主要的优点是简单和有效。由于接口在组件上,因此 I²C 总线占用的空间非常小,减少了电路板的空间和芯片管脚的数量,降低了互联成本。总线的长度可高达 25 英尺(1 英尺=0.304 8 米),并且能够以 10 kbps 的最大传输速率支持 40 个组件。I²C 总线的另一个优点是,它支持多主控(multi-mastering),其中任何能够进行发送和接收的设备都可以成为主控。一个主控能够控制信号的传输和时钟频率。当然,在任何时间点上只能有一个主控。

2. I²C 总线的工作原理

I²C 总线是由数据线 SDA 和时钟 SCL 构成的串行总线,可发送和接收数据。在 CPU 与被控 IC 之间、IC 与 IC 之间进行双向传送,最高传送速率达 100 kbps。各种被控制电路均并联在这条总线上,但就像电话机一样,只有拨通各自的号码才能工作,所以每个电路和模块都有唯一的地址。在信息的传输过程中,I²C 总线上并接的每一模块电路既是主控器(或被控器),又是发送器(或接收器),这取决于它所要完成的功能。CPU 发出的控制信号分为地址码和控制量两部分:地址码用来选址,即接通需要控制的电路,确定控制的种类;控制量决定该调整的类别(如对比度、亮度等)及需要调整的量。这样,各控制电路虽然挂在同一条总线上,却彼此独立,互不相关。

I²C 总线在传送数据过程中共有三种类型信号,它们分别是开始信号、结束信号和应答信号。

开始信号:SCL 为高电平时,SDA 由高电平向低电平跳变,开始传送数据。

结束信号:SCL 为高电平时,SDA 由低电平向高电平跳变,结束传送数据。

应答信号:接收数据的 IC 在接收到 8 位数据后,向发送数据的 IC 发出特定的低电平脉冲,表示已收到数据。CPU 向受控单元发出一个信号后,等待受控单元发出一个应答信号,CPU 接收到应答信号后,根据实际情况做出是否继续传递信号的判断。若未收到应答信号,则判断为受控单元出现故障。

目前有很多半导体集成电路上都集成了 I²C 接口。带有 I²C 接口的单片机有 CYGNAL 的 C8051F0×× 系列、PHILIPS 的 P87LPC7×× 系列、MICROCHIP 的 PIC16C6×× 系列等。很多外围器件如存储器、监控芯片等也提供了 I²C 接口。

I²C 规程运用主/从双向通信。发送数据到总线上的器件被定义为发送器,接收数据的器件则被定义为接收器。主器件和从器件都可以工作于接收和发送状态。总线必须由主器件(通常为微控制器)控制,主器件产生串行时钟(SCL)控制总线的传输方向,并产生起始和停止信号。SDA 线上的数据状态仅在 SCL 为低电平的期间才能改变;SCL 为高电平的期间,SDA 状态的改变被用来表示起始和停止信号。I²C 总线基本操作如图 7-29 所示。

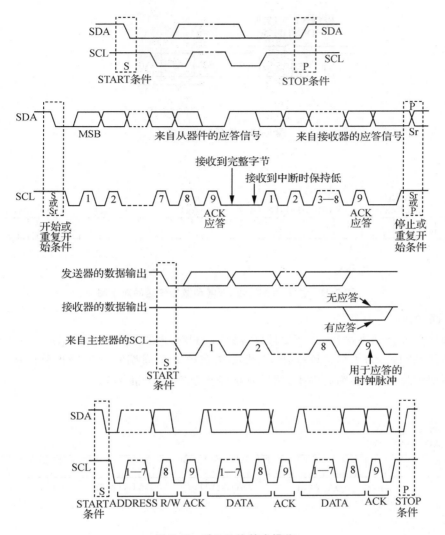

图 7-29　I²C 总线基本操作

（1）控制字节

单片机接口发出起始条件（起始信号），起始条件必须是器件的控制字节。控制字节含有三部分：其中高四位为器件类型识别符（不同的芯片类型有不同的定义，EEPROM 一般应为 1010）；接着三位为片选，在应用时，A2、A1、A0 的内容将和 EEPROM 芯片的硬布线情况相比较，如果一样，则芯片被选中，否则芯片不被选中；最后一位为读/写选择位，为 1 时表示读操作，为 0 时表示写操作，如图 7-30 所示。

（2）写操作

写操作分为字节写和页面写两种操作。对于页面写，根据芯片一次装载的字节的不同而有所不同。页面写的地址、应答和数据传送的时序图如图 7-31 所示。

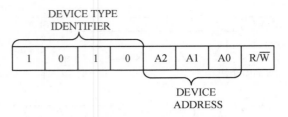

图 7-30　控制字节配置

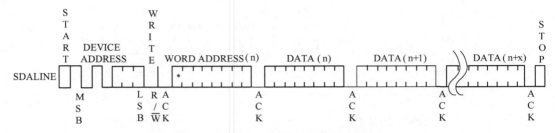

图 7-31　页面写的地址、应答和数据传送的时序图

（3）读操作

读操作有三种基本操作：当前地址读、随机读和顺序读。图 7-32 给出的是顺序读时序图。应当注意的是，为了结束读操作，主机必须在第 9 个周期间发出停止条件或者在第 9 个时钟周期内保持 SDA 为高电平，然后发出停止条件（停止信号）。

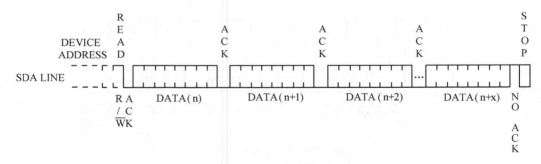

图 7-32　顺序读时序图

3. I²C 总线应用举例

下面以 AT24C02 与 MCS-51 单片机接口为例说明 I²C 总线接口的软硬件实现方法。AT24C02 是 ATMEL 公司的 2 048 位（256B）串行 EEPROM 芯片，其引脚分布如图 7-33 所示。

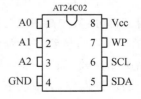

图 7-33　AT24C02 引脚分布

各引脚的功能和意义如下：

- Vcc：电源，＋5 V。
- GND：地线。
- A0、A1、A2：地址引脚，接固定电平。
- SCL：串行时钟输入端。在时钟的上升沿时把数据写入 EEPROM，在时钟的下降沿时把数据从 EEPROM 中读出来。

- SDA:串行数据 I/O 端,用于输入和输出串行数据。这个引脚是漏极开路的端口,故可以组成"线或"(wired-OR)结构。
- WP:写保护。该引脚提供了硬件数据保护。当接地时,允许芯片执行一般读写操作;当接 Vcc 时,对芯片实施写保护。

下面以 51 系列单片机 P1.0 和 P1.1 通过 I²C 接口,把 CPU 的 RAM 31H—38H 中的数据送到 AT24C02 的 00H—07H 单元中为例,其程序如下:

```
              SCL   EQU   P1.0
              SDA   EQU   P1.1
              ORG   0000H
              WR_EEPROM:MOV   R6,#08H
              MOV   30H,#00H
              MOV   R0,#30H
W_START: LCALL WR_DATA          ;设置起始条件,写入 8 位器件地址及字地址
W_LOOP:  INC   R0
              LCALL WR_DATA1
STOP:      LCALL   STOP_0
              SJMP     $
;……WR_DATA 为写控制字节和数据的子程序……
WR_DATA:LCALL   START
              MOV   A,#0A0H;          ;写控制字节
              LCALL   WBYTE
WR_DATA1: MOA   V,@R0               ;写数据
              LCALL   WBYTE
              RET
;……WBYTE 为写 1 个字节的子程序……
WBYTE: NOP
        MOV   R3,#08H                 ;1 字节 8 位
WBYTE_1: CLR   SCL
        RLC     A
        MOV   SDA,C
        SETB   SCL
        DJNZ   R3,WBYTE_1            ;写完 1 个字节
        CLR     SCL
        NOP
        SETB   SCL
        NOP
        JB       SDA,$                  ;等待应答信号
        CLR     SCL
```

```
                    NOP
                    RET
;……START 为设置起始条件子程序……
START：CLR       SCL
                    NOP
                    SETB      SDA
                    NOP
                    SETB      SCL
                    NOP
                    CLR       SDA
                    NOP
                    CLR       SCL
                    RET
;……STOP_0 为设置停止条件子程序……
STOP_0：CLR       SCL
                    NOP
                    CLR       SDA
                    NOP
                    SETB      SCL
                    NOP
                    SETB      SDA
                    NOP
                    CLR       SCL
                    RET
                    END
```

7.2.5　SPI 总线

　　SPI(serial peripheral interface,串行外设接口)总线系统是一种同步串行外设接口,它可以使 MCU 与各种外围设备以串行方式进行通信,从而交换信息。外围设置 FLASH RAM、网络控制器、LCD 显示驱动器、A/D 转换器和 MCU 等。SPI 总线系统可直接与各厂家生产的多种标准外围器件连接,连接时一般使用 4 条线:串行时钟线(SCK)、主机输入/从机输出数据线 MISO、主机输出/从机输入数据线 MOSI 和低电平有效的从机选择线 SS(有的 SPI 接口芯片带有中断信号线 INT,有的 SPI 接口芯片没有主机输出/从机输入数据线 MOSI)。由于 SPI 系统总线一共只需 3—4 位数据线和控制线,即可实现与具有 SPI 总线接口功能的各种 I/O 器件进行接口,而扩展并行总线则需要 8 根数据线、8—16 位地址线、2—3 位控制线,因此采用 SPI 总线接口可以简化电路设计,节省很多常规电路中的接口器件和 I/O 口线,提高设计的可靠性。

1. SPI 的工作原理

SPI 包括三个主要组成部分:移位寄存器、发送缓冲器和接收缓冲器,如图 7-34 所示。发送缓冲器与 SPI 内部数据总线相连,写入 SPI 的数据通过数据总线装入发送缓冲器,然后自动装入移位寄存器。接收缓冲器也与数据总线相连,接收到的数据可以从接收缓冲器读出。移位寄存器负责收发数据,有移入和移出两个端口,分别与收和发两条通信线路连接,通信双方的移位寄存器和移入移出端口构成一个环形结构。

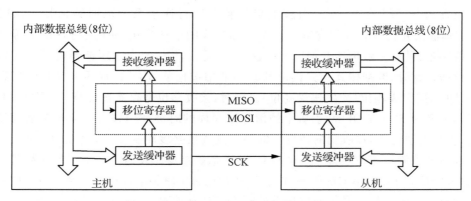

图 7-34　SPI 的工作原理

以主机给从机发送数据为例,SPI 半双工通信的操作过程如下:

① 主机 CPU 经过数据总线把欲发送的数据写入发送缓冲器 A,该数据随即被自动装入移位寄存器 A 中。

② 发送过程启动,主机送出时钟脉冲信号 SCK,有效数据从寄存器 A 中一位一位地移入寄存器 B 内(同时寄存器 B 中的数据也一位一位地移入移位寄存器 A 中,由于是半双工通信,因此被移入的数据一般为无效数据,可以忽略不计)。

③ 8 个时钟脉冲后,时钟停顿,8 位数据全部移入寄存器 B 中,随即被自动装入接收缓冲器 B,并且将接收缓冲器 B 满标志位置位(一般地,还会引起 SPI 接收中断)。

④ 从机 CPU 检测到该标志位(或响应中断)后,即读取接收缓冲器 B 中的数据,完成一个字节的单向通信过程。

SPI 全双工通信的操作过程如下:

① 主机把欲发送给从机的数据写入发送缓冲器 A 中,随即该数据被自动装入移位寄存器 A 中;同时,从机把欲发送给主机的数据写入发送缓冲器 B 中,随即该数据被自动装入移位寄存器 B 中。

② 主机启动发送过程,送出时钟脉冲信号 SCK,寄存器 A 中的数据经过 MOSI 引脚一位一位地移入寄存器 B 内;同时,寄存器 B 中的数据经过 MISO 引脚一位一位地移入寄存器 A 内。

③ 8 个时钟脉冲过后,时钟停顿,寄存器 A 中的 8 位数据全部移入寄存器 B 中,随即又被自动装入接收缓冲器 B,并且将从机接收缓冲器 B 满标志位置位(一般还能引发中断);同理,寄存器 B 中的 8 位数据全部移入寄存器 A 中,随即又被自动装入接收缓冲器 A,并且将主机接收缓冲器 A 满标志位置位(一般还能引发中断)。

④ 主机 CPU 检测到接收缓冲器 A 满标志位(或响应中断)后,就可以读取接收缓冲器 A;同样地,从机 CPU 检测到接收缓冲器 B 满标志位(或响应中断)后,就可以读取接收缓冲器 B,完成一个字节的互换通信过程。

2. SPI 的工作方式

通过初始化 SPI,可以使其工作在主控方式或从动方式。

（1）主控方式

在该方式下,SPI 在其 SCK 引脚上提供整个串行通信系统的时钟信号。数据从其 MOSI 引脚输出并在 MISO 引脚输入。发送和接收的位速率由 SPI 波特率设置寄存器中的设置值决定,最高一般可达 5 Mbps。数据一旦写入,SPI 的发送缓冲器就可以开始发送并接收数据。此时,数据按其预先设定的时钟节拍按位从 MOSI(有的接口又将其定义为 SDO 或 DO 等)引脚输出(先发送最高位)。同时,接收移位寄存器按位将其 MISO(有的接口又将其定义为 SDI 或 DI 等)引脚上的信号按同样的时钟节拍移入。当 8 个数据位操作结束后,数据发送完毕,接收到的数据立即装入接收数据缓冲器。同时,与 SPI 对应的中断标志位和缓冲器满标志位均置"1",通知 CPU 读数据或继续发送下一个字节的数据。

SPI 的 SCK 有 4 种不同的时钟方式(在初始化时由时钟极性位和时钟相位位的 4 种不同组合确定),因此主控方式下数据传送的时序图略有不同,具体可参阅相关文献。

（2）从动方式

在该方式下,数据在时钟的控制下按位从 MISO 引脚输出且由 MOSI 引脚按位移入。SCK 作为串行移位时钟的输入,由外部 SPI 网络的主设备提供。

当网络主控制器的 SCK 为合适的边沿时(前已提及的 4 种可选情况之一),写入移位寄存器或发送缓冲器的数据通过 MISO 按位传送到网络,同时 MOSI 引脚上的数据由 SCK 采样并按位移入移位寄存器。同样地,当 8 个数据位操作结束时(接收数据的最后一位被锁定或发送数据的最后一位被移出后),与 SPI 对应的中断标志位和缓冲器满标志位均置"1"。

当允许使用从控制器片选引脚时,该引脚上的低有效信号使得从动串行外设接口能将数据传送到串行数据线。当该引脚接高电平时,从动串行外设接口的串行移位寄存器终止,并且其串行输出引脚呈高阻状态。这就允许多个从属设备在网络中连接在一起,尽管同时只能选择一个从属设备。

3. MCS-51 系列单片机的 SPI 模拟

早期的单片机(如 MCS-51 系列单片机)不带 SPI,而新型的高性能 I/O 芯片等又常以 SPI 作为接口,此时一般采用通过单片机的 I/O 口辅以软件的方式来模拟 SPI。图 7-35 为采用 SPI 的接口芯片分别与带 SPI 和不带 SPI 的两种 MCU 的连接方式示意图。

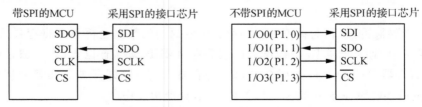

图 7-35　采用 SPI 的接口芯片与两种 MCU 的连接方式

对于在 SCLK 的上升沿输入(接收)数据和在下降沿输出(发送)数据的器件,模拟串行时钟输出的 1 位 I/O 口线(P1.1)的初始状态应设置为"1",而在允许接收后再置为"0"。这样,MCU 在输出 1 位 SCLK 时钟(下降沿)的同时,将使接口芯片串行左移,从而输出 1 位数据至 MCS-51 单片机的 I/O 口线(P1.3,模拟 MCU 的 MISO 线)。此后,再置 P1.1 为"1"(产生 1 个上升沿),使 MCS-51 系列单片机从 P1.0(模拟 MCU 的 MOSI 线)输出 1 位数据(先为高位)至串行接口芯片。至此,模拟了 1 位数据输入/输出的过程。此后再置 P1.1 为"0",模拟下一位数据的输入/输出。此过程循环 8 次,即可完成 1 次通过 SPI 总线传输 8 位数据的操作。对于在 SCLK 的下降沿输入数据和上升沿输出数据的器件,应取串行时钟输出的初始状态为"0",即在接口芯片允许时,先置 P1.1 为"1",以便外围接口芯片输出 1 位数据(MCU 接收 1 位数据),之后再置时钟为"0",使外围接口芯片接收 1 位数据(MCU 发送 1 位数据),从而完成 1 位数据的传送。

假设图 7-35 中右图所示的"不带 SPI 的 MCU"为 MCS-51 系列单片机,而"接口芯片"为存储器 X25F008(EEPROM),图中单片机的 P1.0 模拟 MCU 的数据输出端 MOSI,P1.1 模拟 SPI 的 SCLK 输出端,P1.2 模拟 SPI 的从机选择端,P1.3 模拟 SPI 的数据输入端 MISO。下面介绍用 MCS-51 单片机的汇编语言实现 SPI 串行输入、串行输出和串行输入/输出的三个子程序。实际上,这些子程序也适用于在串行时钟的上升沿输入和下降沿输出的其他各种串行外围接口芯片(如 A/D 转换芯片、网络控制器芯片、LED 显示驱动芯片等)。对于下降沿输入、上升沿输出的 SPI 外围接口芯片,只要改变 P1.1 的输出电平顺序(先置 P1.1 为低电平,之后置 P1.1 为高电平,再置 P1.1 为低电平……),这些子程序也同样适用。

从 X25F008 的 SPISO 线上接收 8 位数据并放入寄存器 R0 中的应用子程序如下:

```
SPIIN:      SETB P1.1           ;使 P1.1(时钟)输出为 1
            CLRP1.2             ;选择从机
            MOV R1,#08H         ;置循环次数
SPIIN1:     CLR P1.1            ;使 P1.1(时钟)输出为 0(产生下降沿)
            NOP                 ;延时
            NOP
            MOVC,P1.3           ;从机输出 SPISO 送进位 C
            RLC A               ;左移至累加器 ACC
            SETB P1.1           ;使 P1.1(时钟)输出为 1
            DJNZ R1,SPIIN1      ;判断是否循环 8 次(8 位数据)
            MOV R0,A            ;8 位数据送 R0
            RET
```

SPI 总线可在软件的控制下构成各种系统。例如,1 个主 MCU 和几个从 MCU 相互连接构成多主机系统(分布式系统),1 个主 MCU 和 1 个或几个从 I/O 设备构成各种系统,等等。在大多数应用场合,可使用 1 个 MCU 作为主控器来控制数据,并向 1 个或几个从外围器件传送该数据。从器件只有在主机发送命令时才能接收或发送数据。其数据的传输格式是高位(MSB)在前,低位(LSB)在后。SPI 总线接口系统的典型结构如图 7-36 所示。

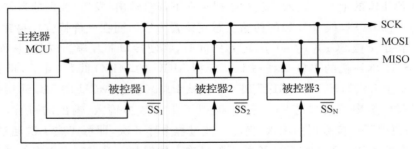

图 7-36　SPI 总线接口系统的典型结构

当一个主控器通过 SPI 与几种不同的串行 I/O 芯片相连时,必须使用每片的允许控制端,这可通过 MCU 的 I/O 端口输出线来实现。但应特别注意这些串行 I/O 芯片的输入/输出特性:第一,输入芯片的串行数据输出是否有三态控制端。平时未选中芯片时,输出端应处于高阻态。若没有三态控制端,则应外加三态门,否则 MCU 的 MISO 端只能连接 1 个输入芯片。第二,输出芯片的串行数据输入是否有允许控制端。只有在此芯片允许时,SCK 脉冲才把串行数据移入该芯片;在芯片禁止时,SCK 对芯片无影响。若没有允许控制端,则应在外围用门电路对 SCK 进行控制,然后加到芯片的时钟输入端;当然,也可以只在SPI 总线上连接 1 个芯片,而不再连接其他输入或输出芯片。

第8章

智能仪器仪表

8.1　仪器仪表概述

仪器仪表（instrumentation）通常是指用来检出、测量、计算、指示各种物理量、物质成分、特性参数等的器具或设备。

智能仪器仪表通常是利用电子技术、微电子机械系统（MEMS）技术、计算机技术和信息技术来实现测量和控制的装置。智能仪器仪表极大地提高和拓展了人们获取信息、处理信息及实现信息施效的能力。智能仪器仪表也是一个典型的综合性电子电路系统。学习和掌握智能仪器仪表的组成原理及设计应用，能极大地提升应用电子技术的综合能力。

8.1.1　仪器仪表的分类

仪器仪表涉及多个领域，应用广泛，品种繁多，有多种分类方法。

按使用目的和用途来分，有电子测量仪器仪表、电工仪器仪表、工业自动化仪器仪表、汽车仪表、船用仪表、无线电测试仪器、建材测试仪器、教学仪器、医疗仪器、环保仪器等。

按测量物理量来分，有几何量计量仪器、热工量计量仪器、机械量计量仪器、时间频率计量仪器、电磁计量仪器、光学与声学参数测量仪器等。

按所用技术特征来分，有模拟式仪器仪表、数字式仪器仪表、智能仪器仪表、虚拟仪器仪表、网络化仪器仪表等。

有些领域的仪器仪表还可按功能、对象、结构、原理等再分为若干子类。例如，工业自动化仪表按功能可分为检测仪表、回路显示仪表、调节仪表和执行器等；其中检测仪表按被测物理量又分为温度测量仪表、流量测量仪表、压力测量仪表、位移测量仪表等；温度测量仪表又可分为接触式测温仪表、非接触式测温仪表；接触式测温仪表又可分为热电阻式、热电耦式、半导体式等。按使用场合还可分为现场安装仪器仪表、便携式仪器仪表。工业自动化仪表按所属结构地位可分为一次仪表（如直接感触被测信号传感器及对原始信号处理部分）和二次仪表（接收一次仪表信号，并进行放大、显示、传递信号部分）。

了解仪器仪表的分类，有利于理解和设计仪器仪表中的电子电路系统。

8.1.2 智能仪器仪表的功能和组成

仪器仪表能改善、扩展或补充人们获取外部信息的能力,而智能仪器仪表还能进一步帮助人们通过信息施效来实现自动控制。人们利用视、听、尝、摸等只能获取外部世界有限范围内的物理量,而仪器仪表可以帮助人们获得精度更高、范围更宽及自身感觉器官所不能感受到的物理量,智能仪器仪表还可以帮助人们记录、计算、存储、传输获取的数据。仪器仪表是人们认识世界和改造世界的重要工具。

一个智能仪器仪表可以看作一个信息系统,可以由被测对象、检测单元、处理单元、人机交互单元等组成,对具有一定控制功能的智能仪器仪表,通常还包括执行单元和通信单元。智能仪器仪表的结构框图如图 8-1 所示。

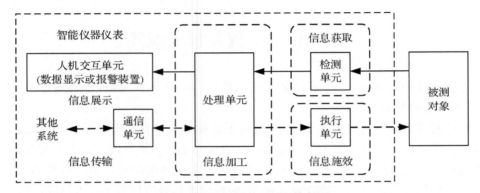

图 8-1 智能仪器仪表的结构框图

检测单元(也称输出单元)通常为检测各种物理量的传感器,用于检测被测对象的状态,并进行信号的放大、滤波等处理,检测单元输出的通常为电信号,再将之传输至处理单元。检测单元完成的是信息获取任务。

处理单元是整个智能仪器仪表的信息加工中心,根据检测单元获取的信息,进行判断、选择、运算等处理,实现非线性处理、数字滤波、统计分析、FFT 等,然后将处理后的数据送至人机交互单元。处理单元完成的是信息加工任务。

执行单元(也称输出单元)接收处理单元的数据,以合适的形式输出检测的数据(如文字、图形、语音、指示灯等)。

对具有控制功能的智能仪器仪表,通过执行器(如电动机、电动阀、加热器等)完成信息施效任务。

许多智能仪器仪表还提供通信单元,将检测到的数据传输给其他设备或装置,以及实现对处理单元的参数设置,以便实现更大规模的检测和控制。

智能仪器仪表也可看成是一个计算机检测和控制系统,其中处理单元实际上就是一个计算机系统,智能仪器仪表中的处理单元如图 8-2 所示。

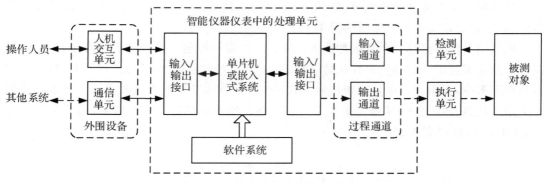

图 8-2　智能仪器仪表中的处理单元

被测对象的信息通过检测单元转换为电信号,传递给智能仪器仪表中的处理单元,而处理单元的输出电信号由执行单元传递给被测对象。其中电信号采集和处理是智能仪器仪表中的重要环节。

8.1.3　信号类型和采集

对信号进行采集和处理需要了解信号的类型和常见的处理要求。根据信号在时间和幅值上的连续性,可分为模拟信号、开关信号、脉冲信号、数字编码信号等。信号类型与处理要求如表 8-1 所示。

表 8-1　信号类型与处理要求

信号类型	信号特点	信息举例	处理要求
模拟信号	信号在时间和幅度上是连续的,通常需要关心信号范围、精度和变化频率	许多模拟传感器检测到的信号,如温度、湿度、压力、重量、距离、电压、光照度、磁场强度等	放大、滤波、隔离、非线性变换、标度变换、采样保持、V/F 转换、A/D 转换等
开关信号	信号在幅度上只有两种不同的取值。需要关心信号的变化频率和信号的阈值	许多开关、按键、光电传感器、霍尔元件、水位传感器等检测到的信号	整形、消抖、电平转换、限幅、放大、隔离、锁存等
脉冲信号	信号变化的时刻,通常用脉冲的边沿来表示信号的变化,主要关心脉冲的间隔、脉冲的宽度和频率	许多频率传感器、转速传感器、旋转编码器及报警器输出的信号	整形、电平转换、限幅、放大、隔离、计数/分频、倍频、相位鉴别等
数字信号	通常由多位开关信号组成的二进制或 BCD 信号,每位只有"0"和"1"两种取值。需要关心数制、位数及取值的大小	许多数码开关设置的参数,数字传感器检测到的温度、湿度、距离、速度、角度、重量等,通常以串行或并行的数字来表示	电平转换、隔离、锁存、串/并转换等

信号的采集还需要考虑两个常见问题:一是多路信号的采集,二是高速变化信号的采集。前者主要通过多路开关分时采集多路信号,以降低信号处理电路的成本,减少连接线路;后者主要通过采样保持器,来提高采样数据的精度,有效提高输入信号的频率范围。采

样保持器越来越多地被集成到 A/D 转换芯片中,设计者的主要任务是合理选择带有保持器的芯片,以满足高速变化信号的采集。

模拟信号的多路选择示意图如图 8-3 所示。N 路模拟电压信号经多路模拟开关选出,其中 1 路模拟数据进行滤波采样保持、隔离放大、A/D 转换,变为 M 位二进制数据,存放到数据寄存器中,再由接口电路将转换后的数字信号送到单片机或嵌入式系统。当多路模拟开关由 8 位选择控制时,N 最多可达 $2^8 = 256$ 路。如不采用数据选择方案,则所需隔离放大、A/D 转换器将多达 256 个。

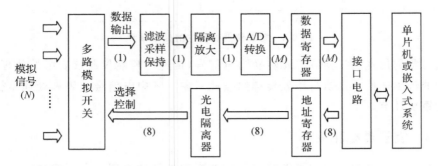

图 8-3　模拟信号的多路选择示意图

数字信号的多路选择示意图如图 8-4 所示。设有 $N \times 8$ 位数字信号送往由多路开关组成的数据选择器,选择其中 1 路 8 位数据经光电隔离器存放到数据寄存器中,再由接口电路将采集到的数字信号送到单片机或嵌入式系统。当多路开关由 8 位选择控制时,N 最多可达 $2^8 = 256$ 路。如不采用数据选择方案,则需要 256 个 8 位光电隔离器和 8 位寄存器;如采用数据选择方案,则只需要两个 8 位光电隔离器和 8 位寄存器。

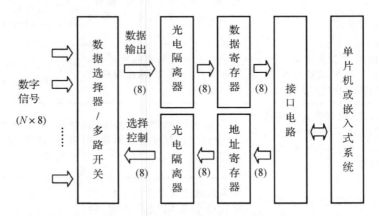

图 8-4　数字信号的多路选择示意图

8.1.4　常见信号处理

在智能仪器仪表中,常见的模拟信号处理有电流-电压信号转换、电阻-电压信号转换、电压-电流信号转换、电压放大、电平变换与信号隔离、分频计数、编码转换、滤波、非线性与校正、插值与拟合等。常见的数字信号(包括开关信号、脉冲信号)处理有过压过流保护、整形滤波、信号隔离、电平变换、分频计数、相位鉴别、编码转换、串并转换等。

1. 电流-电压信号转换

　　智能仪器仪表(包括普通的仪器仪表)之间或与传感器之间通常采用统一的标准信号来表示数据,常见的标准信号为直流电流 4—20 mA 或直流电压 1—5 V 等。无论被测量是哪种物理量,也不论测量范围如何,经过变送器(能输出标准信号的传感器)都转换为标准信号。4—20 mA 电流型信号可克服传输导线电阻的影响,抑制干扰,适用于远距离传输。远距离传输到本地的电流信号可通过电流-电压信号转换电路转换成 1—5 V 电压型信号。

　　图 8-5 给出了一个电流-电压信号转换电路,它可把标准 4—20 mA 电流信号通过串接 1 个 250 Ω 的电阻转换成 1—5 V 的电压信号。图中的 R_2、C_1 构成了简单的滤波电路,以抑制脉冲或高频干扰。R_3、R_4、V_1、V_2 组成过压保护。

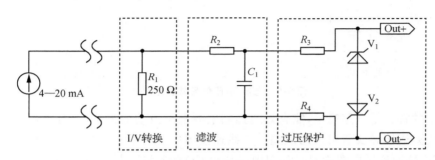

图 8-5　电流-电压信号转换电路

2. 电阻-电压信号转换

　　电阻-电压信号转换常用于标准热电阻和应变片式压力传感器。当温度发生变化时,热电阻的电阻值也会发生变化。当压力发生变化时,电阻应变片的电阻值也随之变化。电阻-电压信号转换电路就是将电阻变化的信号转换为电压变化的信号。常见的方法有两种:电桥法和恒电流法。具体电路如图 8-6 所示。

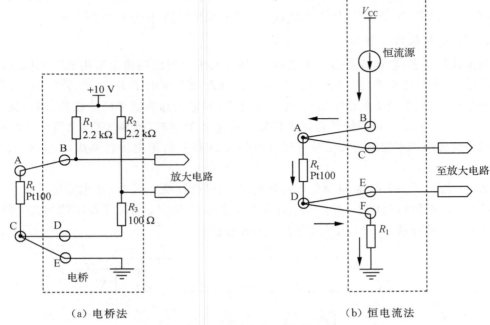

| （a）电桥法 | （b）恒电流法 |

图 8-6　电阻-电压信号转换电路

电桥法的特点是电路简单,能有效地抑制电源电压波动的影响,并且可用三线连接方法减弱长距离连接导线所引入的误差。三线连接图中,AB 引线的电阻与 CD 引线的电阻相等,而 CE 可折算到电源中,所以,只要 AB 和 CD 的长度一样,电阻也相同,由此引起的误差就可大大减小。

恒电流法的特点是精度高,可使用四线连接方法减弱长距离连接导线所引入的误差。四线连接图中,只要 AC、DE 引线中的电流为零,则 AD 间的电压与 CE 间的电压一样,所以,不管 AB、AC、DE、DF 的长度如何,都不会影响测量误差。

这两种方法设计时都要考虑选择合适的电流,一般取电流为几个毫安。

3. 电压-电流信号转换

智能仪器仪表通常需要输出 4—20 mA 的标准电流信号,传送到远处的接口电路,这就需要使用电压-电流信号转换电路。电压-电流信号转换电路可使用运放电路来实现,也可使用一些专用的电流环发送电路来实现。

德州仪器(TI)公司的 XTR115/XTR116 是一款 4—20 mA 电流环发送电路,它的引脚分布和原理框图如图 8-7 所示。XTR115 和 XTR116 的区别在于 VREF 输出基准电压,XTR115 为 2.5 V,XTR116 为 4.096 V。另外,还有一款没有基准电压输出的 XTR117。

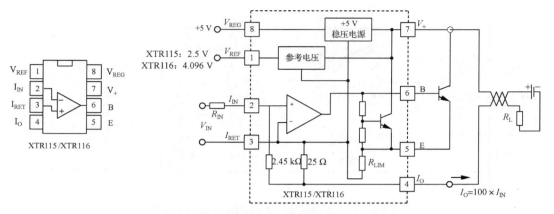

图 8-7　XTR115/XTR116 的引脚分布和原理框图

XTR115/XTR116 将输入的电压信号 V_{IN} 转换为电流 I_O 输出,转换公式为

$$I_O = \frac{100 V_{IN}}{R_{IN}} \tag{8-1}$$

XTR115/XTR116 也可作为一个电流放大器,输出电流 I_O 是 I_{IN} 的 100 倍。当图中 R_{IN} 取 25 kΩ 时,可以实现输入电压 1—5 V 转换为输出电流 4—20 mA。远端提供电源及负载电阻 R_L,如 R_L 取值为 250 Ω,则在 R_L 上可获得 1—5 V 电压。

XTR115/XTR116 的电源 V_+ 从远端获得电能,并能稳压到 5 V 由 V_{REG} 端输出,V_{REF} 端输出基准电压,可供前端信号处理电路使用。XTR115/XTR116 正常工作时的电源端 V_+ 电压范围为 7.5—36 V。利用 XTR115/XTR116 可以实现远距离的模拟量信号的传输,在一定范围内传输线的长短及对应导线的阻值不会影响信号的传输。

4. 电压放大

大部分传感器产生的信号都比较微弱,需经过放大才能满足后续信号处理的要求。完成这类信号放大功能的放大器必须是低噪声、低漂移、高增益、高输入阻抗和高共模抑制比的直流放大器,这类放大器常用的是仪表放大器,也称测量放大器。

在智能仪器仪表中仪表放大器也是常用的器件。一个有关仪表放大器 AD620(相关参数可参考器件手册)的应用实例如图 8-8 所示。AD620 放大电阻电桥的信号,增益为 100 (其中 R_G 取 499 Ω),输出的基准参考电位为 2 V(由三个电阻构成的分压电路获得),由构成电压跟随器的运放 AD705 提供。与此同时,基准参考电位又作为后面 A/D 转换电路的模拟参考地。AD620 放大后的电压信号送给后面的 A/D 转换电路。

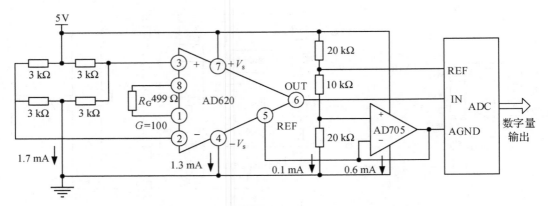

图 8-8　一个有关仪表放大器 AD620 的应用实例

5. 电平变换与信号隔离

智能仪器仪表中的接口电路,在获取开关量信号时,通常需要进行逻辑电平的变换,以及为抗干扰而进行信号隔离。某机械式开关信号的输入电路如图 8-9 所示。

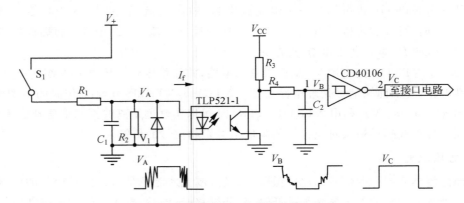

图 8-9　某机械式开关信号的输入电路

S_1 为机械开关,V_+ 为一电源,其电压可以不与普通数字电路的逻辑电平相兼容。

R_1 为限流电阻,以提供光电耦合器发光二极管正常范围内的正向电流 I_f。

R_2 为分流电阻,一方面可防止高电压输入时产生大电流而损坏发光二极管,另一方面还提供 C_1 的放电回路。R_2 一般取几千欧。C_1 为滤波电容,以吸收尖刺脉冲。

V_1 为防击穿二极管,当输入端误接入反向电压,则可提供通路,以免反向击穿光电耦合器中的发光二极管。

TLP521-1 为光电耦合器,实现了现场电源 V_+ 与信号处理电源在电气上的隔离,可大大提高抗干扰能力和安全性。

R_3 为上拉电阻,当光电耦合器输出截止时,提供高电平。R_4 和 C_2 组成 RC 低通滤波器,以进一步消除脉冲干扰。

CD40106 为 CMOS 施密特触发器(也可采用其他逻辑电路),输出整形后的开关信号,其逻辑电平与 CMOS 或 TTL 电平兼容。

6. 分频计数

对一些高速脉冲信号,需要进行分频计数,然后才能被智能仪器仪表处理。高速脉冲信号的分频计数电路如图 8-10 所示。图中,H11L1 为含有施密特整形电路的高速光电耦合器。74LS393 为双 4 位二进制计数器,MR 端为计数器的清"0"端,计数器的输出和 MR 端与接口电路相连。接口电路可以控制计数器的清"0"。接口电路两次读取计数器数据的间隔内允许有不超过 256 个脉冲输入。需要指出,对高速脉冲信号,非但不宜使用 RC 低通滤波电路,有时还需要接入微分电容,以提高脉冲边沿的通过能力,如图中的 C_1。图中的 R_1 为限流电阻,V_1 为防止光电耦合器反向击穿的二极管。

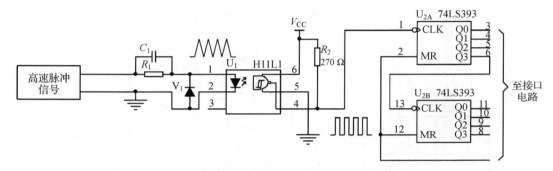

图 8-10　高速脉冲信号的分频计数电路

7. 编码转换

在智能仪器仪表中,可能会涉及一些非二进制数字编码信号的输入。例如,一些绝对值旋转编码器的输出信号形式为格雷(Gray)码,其特点是数值上大小相邻的编码在逻辑上也相邻。逻辑上相邻的编码仅有 1 位不同,可保证按数值大小递增或递减变化时,输出逻辑上相邻的编码,不会出现多于 1 位的码同时变化,这样可避免由于编码递增或递减变化过程中造成的干扰。例如,二进制编码 0011 变化到 0100 时,后 3 位都会变化,如变化在时间上有先后,假设最低位先变化,则在期间会产生 0010 的编码。

4 位格雷码与二进制编码的对照表如表 8-2 所示。

表 8-2　4 位格雷码与二进制编码的对照表

格雷(Gray)码	二进制编码	格雷(Gray)码	二进制编码
0000	0000	1100	1000
0001	0001	1101	1001
0011	0010	1111	1010
0010	0011	1110	1011
0110	0100	1010	1100
0111	0101	1011	1101
0101	0110	1001	1110
0100	0111	1000	1111

格雷码转换为二进制编码可以采用软件编程的方法,也可以采用硬件的格雷码-二进制编码的转换电路。

图 8-11 为格雷码-二进制编码的转换电路,某绝对值旋转编码器的输出信号形式为格雷码,输出信号为 D0—D7,经 8 反相器 74LS240 送至 8 个异或门。8 个异或门构成了格雷码-二进制编码的转换器,输出的 DA0—DA7 为二进制编码输出。S 端可用来控制输出二进制编码的极性,S=0 时输出为正常的二进制编码,S=1 时则输出反相的二进制编码,如不需控制极性,则该位对应的异或门可省略。74LS373 为输入缓冲器,存放 8 位二进制编码,可提供给智能仪器仪表的接口电路。

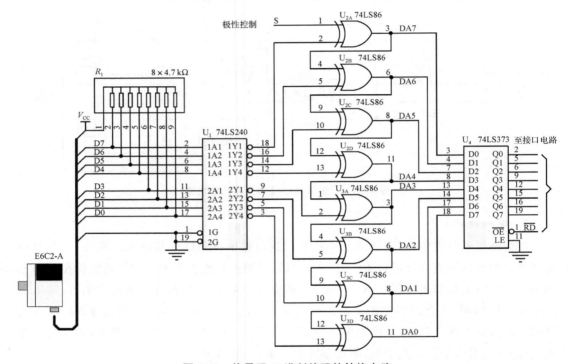

图 8-11　格雷码-二进制编码的转换电路

8. 其他的信号处理内容与方法

智能仪器仪表中的信号处理还有许多,如对模拟量信号的多种滤波(高通、低通、带通)处理,可以采用硬件电路(如各种无源和有源滤波器)来实现,也可以采用软件的数字滤波程序来实现。如非线性校正处理,可以采用硬件电路来实现,但更多可以采用插值与拟合算法来实现。另外,增量式旋转编码器的脉冲相位鉴别,可以采用硬件来实现,也可以采用软件算法来实现。

8.2　仪器仪表的人机界面和通信接口

8.2.1　基本要素和要求

1. 基本要素

人机界面是人机交互(human-machine interaction,简称 HMI)的基本形式,它是用户使用智能仪器仪表的综合操作环境。

这里的"界面"实际上是一种双向的信息传递和交换,可由人向机器系统输入信息,也可由机器系统向使用者反馈信息。例如,按键上的操作、开关的切换、操纵杆的运动,甚至人的语音姿势动作等,都可作为系统的输入;而显示屏幕上符号或图形的显示、指示灯的闪烁、喇叭的声音等,可作为系统的输出。

人机交互的设计涉及多个领域的知识,如认知心理学、电子技术、计算机技术、信息技术、人机工程学、艺术设计、人工智能及与具体机器系统相关的知识。

智能仪器仪表中的人机界面非常重要,它的设计会影响到仪器仪表的操作性、可靠性、安全性等。

人机界面的基本要素包括交互设备、交互软件和人的因素。

交互设备包括各种数字文字输入/输出设备、图形图像输入/输出设备、声音姿势触觉设备和三维交互设备等,在智能仪器仪表中,除了传统的输入/输出设备(如按键、开关、指示灯、显示屏等)外,触摸屏应用越来越广泛。

交互软件是人机交互系统的核心,人机界面是交互软件的主要组成部分。在智能仪器仪表中,人机界面通常需要有软件系统的支撑。

人的因素指的是用户操作模型,与用户的各种特征有关。"任务"将用户和机器系统的行为有机地结合起来。在智能仪器仪表中,在设计人机交互软件时,必须了解人与机器的特点、操作人员的特点。其中,用户的类型除了一般操作员(执行查询、启动、暂停、终止、模式选择等操作)外,复杂的智能仪器仪表还会有开发用户(用于调试、更改程序和参数)和管理用户(用于设置参数、导入/导出数据、升级软件等)。

2. 要求

在智能仪器仪表中,人机界面设计除了选择合适的显示器外,还应着重考虑可理解性和易操作性。

(1) 可理解性

所谓可理解性,是指应该让操作人员能够快速、正确地理解操作的步骤、方法和要求。可理解性进一步分为确定性、关联性、层次性、一致性等要素。

确定性是指在人机界面中出现的符号、文字、图形等表示的含义能让人一目了然,力求做到直观形象。

关联性是指在人机交互界面中出现的显示内容和操作布局能够分类排列,力求展示相互之间的联系。

层次性是指在人机交互界面中出现的显示内容和操作布局能够考虑先后关系、轻重缓急，力求展示层次关系。

一致性是指在人机交互界面中表示相同含义的符号、文字、图形、颜色、声音等能够保持一致，无二义性。

（2）易操作性

所谓易操作性，是指在操作人员理解的基础上，能够快速、正确地按要求进行操作。易操作性包括方便性、有序性、健壮性、安全性等要素。

方便性是指交互设备在力矩、角度、位置、形状等方面能够适应操作人员的正常操纵，力求有较好的舒适性，减少疲劳。

有序性是指交互设备能够适应有关联的操作，通过连贯、互锁、互联等装置实现正常的有序操作。

健壮性是指交互界面能够允许有一定程度的误操作，通过提示、撤销、暂停、中止及失效处理来避免误操作引起的不良后果。

安全性是指交互界面能提供必要的手段防止非法窃取和破坏数据、进行非法操作，通过登录、恢复、锁定和审核等措施保证操作的安全。

8.2.2　常见操作模型

人机交互的操作模型通常有指令型、对话型、操作导航型、搜寻浏览型等。

指令型操作模型比较简单，通常输入字符型指令或拨动开关按钮输入信息，系统的输出以显示字符、指示灯和声音为主。

对话型操作模型需要有双向互动、支持对话机制的输入/输出设备，输入设备可以是比较简单的选择按钮，但输出设备须能提供选择菜单。

操作导航型操作模型可通过图形用户界面，如由"视窗"（window）、"图标"（icon）、"选单"（menu）及"指标"（pointer）所组成的 WIMP 界面，引导操作者完成规定的任务。

搜寻浏览型操作模型也需要图形用户界面的支持，完成的任务有搜寻信息、寻求帮助等。甚至可借助操作系统（如安卓和 Linux）和搜寻引擎（如各种浏览器）来实现人机交互。

8.2.3　常见通信接口

1. RS-485

RS-485 是一种异步串行通信的标准，是在早期 RS-232C 标准上改进而来的。RS-485 最大传输距离可达 1 200 m，传输速率可达 100 kbps（1 200 m）—10 Mbps（12 m），在抗干扰方面有着独特的优势。RS-485 的历史比较悠久，在智能仪器仪表中仍有许多应用。RS-485 可以组成半双工或全双工通信网络（见第 7 章介绍），在实际使用场合，点对点的半双工或全双工通信也多使用 RS-485 接口。

RS-485 实现半双工通信的典型电路如图 8-12 所示。其中 MAX481/483/485/487 为 MAXIM 公司的驱动芯片（对应 ADI 公司的型号为 ADM3485），RO 为接收输出端，DI 为驱动输入端，$\overline{RE}$ 为接收使能端（低电平有效），DE 为驱动输出使能端（高电平有效）。R_t 为匹配电阻，传输线为双绞线。

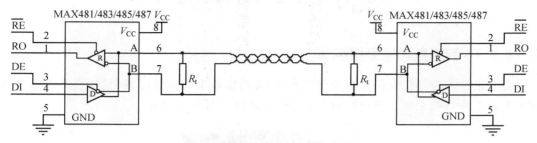

图 8-12　RS-485 实现半双工通信的典型电路

RS-485 实现全双工通信的典型电路如图 8-13 所示。其中 MAX489/491 为 MAXIM 公司的驱动芯片（对应 ADI 公司的型号为 ADM3491），实现全双工通信传输线需要两对双绞线。

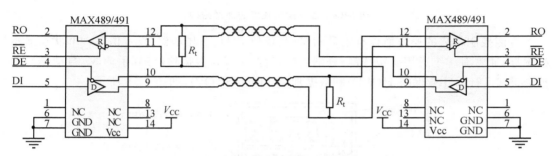

图 8-13　RS-485 实现全双工通信的典型电路

2. USB

通用串行总线（universal serial bus，简称为 USB）广泛应用于 PC 与外部设备的连接和通信。USB 接口连接简单、数据传输速率较高（USB1.0/1.1 为 12 Mbps，USB2.0 为 480 Mbps，USB3.0 可达 5 Gbps），不需要外接电源，支持热插拔，总线还可向设备提供电源（5 V/500 mA），但 USB 传输距离较短，一般不超过 5 m。

在智能仪器仪表中，USB 接口除了用于连接 PC 和存储设备外，还可通过多种转换器转换为传统的 RS-232C、RS-485 接口等。

3. 以太网

Ethernet 是目前计算机局域网常用的网络。从本质上看，Ethernet 也是基于串行通信原理的。Ethernet 的传输速率可达 10 Mbps、100 Mbps、1 000 Mbps，传输距离为 100 m，通过多种互联设备（如 Wi-Fi、光纤技术）可使传输距离更远。因此，在智能仪器仪表中，远距离高速数据传输都离不开计算机网络技术。基于 Ethernet 网络体系也成为智能仪器仪表和控制系统互连的趋势，这方面的知识可参考数据通信和网络技术。

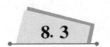

8.3 智能仪器仪表应用举例

8.3.1 智能数显温度控制仪

经典的智能仪器仪表是智能控制仪表,也称智能调节仪或智能调节器,它是在显示仪表的基础上发展起来的。智能控制仪表的外形结构如图 8-14 所示。

图 8-14　智能控制仪表的外形结构

智能控制仪表的操作面板有上显示窗(测量值 PV)、下显示窗(设定值 SV)和状态显示指示灯,通常有 4 个通用操作按键,分别为设置键(SET)、数据移位键(手动 M/自动 A)、数据减键(运行 RUN/保持 HOLD)和数据加键(停止 STOP),如图 8-15 所示。

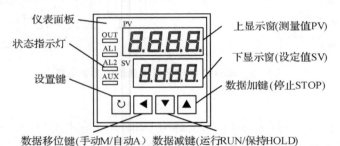

图 8-15　智能控制仪表的操作面板

智能控制仪表本质上是把微型计算机系统嵌入数字式显示仪器中而构成的独立式仪器。它集成了基本的输入/输出通道,实现多种测量功能,接收标准模拟信号、开关量输入信号,进行必要的信号调理,可直接连接各种类型的热电偶、热电阻等符合标准信号的传感器和测量仪表,在其窗口显示测量结果,提供人工智能 PID 控制算法和模拟量输出、可控硅驱动、继电器报警输出,并配有 RS-485 通信接口,以便通过上位机进行参数设置和监控。智能控制仪表的内部结构如图 8-16 所示。

利用智能控制仪表集成的基本输入/输出通道和简单的数码显示装置,配置通用的传感器和执行器,可通过手动设置控制参数来进行监控;也可通过通信单元,由上位机设置参数和获取监控数据。利用上位机还可实现多个智能控制仪表的协同监控。

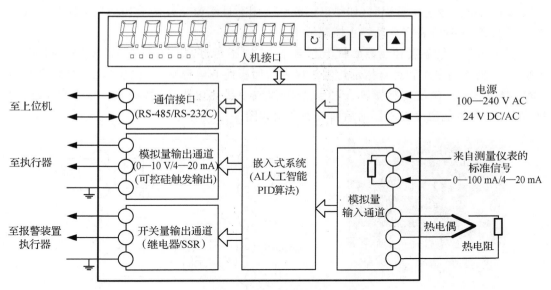

图 8-16　智能控制仪表的内部结构

对单变量控制的简单应用(例如,热水器温度控制),一个智能控制仪表就可完成相应的控制功能,参数设置和监控可通过面板进行,如图 8-17(a)所示。

对复杂的应用,需要多个智能控制仪表和其他部件组成,如扩展 I/O 模块、人机界面触摸屏等,并通过 RS-485 通信网络连接,借助工业组态软件通过上位机实现参数的设置(也可通过仪表本身的人机接口设置)和过程的监控,如图 8-17(b)所示。

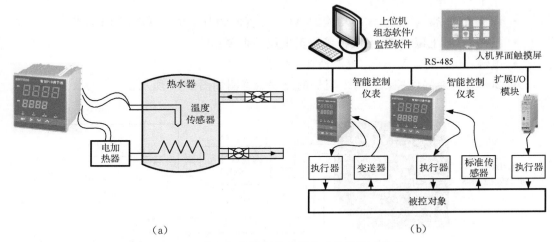

（a）　　　　　　　　　　　　　　　（b）

图 8-17　基于智能控制仪表解决方案的组成结构

智能数显温度控制仪是典型的智能控制仪表。以厦门宇电自动化科技有限公司的 AI-208 型智能温度控制器为例,介绍如下:

AI-208 型智能温度控制器有多种仪表面板尺寸,以适应多种安装环境。有 1 路继电器常开输出或固态继电器 SSR 输出,以控制电加热装置,可提供 1 路或 2 路报警输出。

仪表上电后为基本显示状态,上显示窗显示测量值(PV),下显示窗显示给定值(SV)。

当输入的测量信号超出量程时(如热电偶断线),则上显示窗交替显示"orA"字样及测量上限或下限值,此时仪表将自动停止控制输出。

AI-208 型智能温度控制器面板上有多个 LED 指示灯,如 OP1、AU1、RUN 等分别表示输出 1、报警输出 1 和运行指示灯等。仪表后面板还有电源输入、报警输出、控制主输出(继电器或 SSR)、温度传感器输入(2 线热电偶或 3 线热电阻)等接线端。以 D 型面板为例,AI-208 型智能温度控制器前后面板示意图如图 8-18 所示。

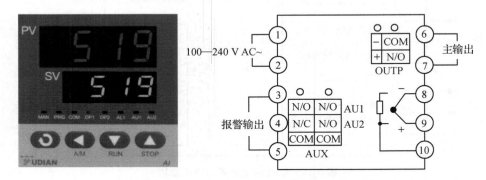

图 8-18　AI-208 型智能温度控制器前后面板示意图

AI-208 型智能温度控制器主要性能指标如下:

- 输入规格:热电偶 K、T、E、J、N,热电阻 Pt100,可通过设置按键选择。
- 测量范围:热电偶 K、E、J、N 为 0—999℃,热电阻 Pt100 为 0—800℃。
- 测量精度:0.3 级(0.3%FS±1℃)。
- 显示分辨率:1℃或 0.1℃。
- 调节方式:带自整定(AT)功能的 AI 人工智能调节或位式(ON/OFF)调节。
- 报警功能:上限报警、下限报警及正负偏差报警功能。
- 电源:100—240 V AC。电源消耗≤2 W。

AI-208 型智能温度控制器与电阻炉的连线示意图如图 8-19 所示。

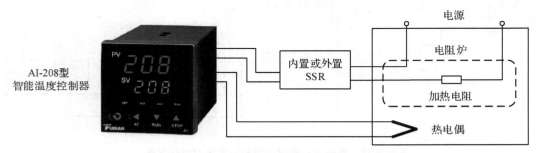

图 8-19　AI-208 型智能温度控制器与电阻炉的连线示意图

8.3.2　USB 电压电流检测仪

优利德集团有限公司的 UT658 是一款 USB 电压电流测试仪,可用于充电器、移动电源、数据线等充电设备质量的检测;也可对充电设备的输出电压、输出电流、输出电量、容量、回路等效电阻、USB 数据传输线电压（D＋,D－）等进行测量。利用 UT658 可动态实时显示充电过程中电压、电流、电量、回路电阻等参数的变化,从而可方便地了解充电器、被充电设备和充电线的质量,以及充电过程的效率。

UT658 测试仪有 4 个系列,分别是 UT658A、UT658C、UT658 DUAL 和 UT658 LOAD。UT658A 只支持 USB TYPE-A 连接件,UT658C 只支持 USB TYPE-C 连接件,UT658 DUAL 可以支持 USB TYPE-A 或 TYPE-C 连接件,UT658 LOAD 只支持 USB TYPE-A 连接件,但能用作电子负载。

USB 有多种连接器,其外形如图 8-20 所示。其中 TYPE-A 和 TYPE-C 目前应用较广泛。

图 8-20 USB 几种连接器外形

下面主要介绍 UT658 DUAL。UT658 DUAL 的外形如图 8-21 所示。

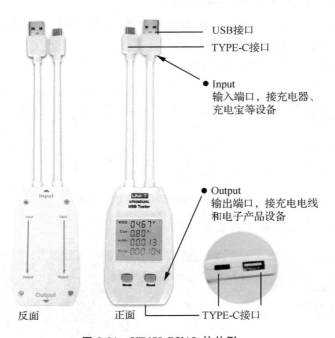

图 8-21 UT658 DUAL 的外形

UT658 DUAL 有两个输入端口,分别是普通的 USB TYPE-A 和 TYPE-C 接头,可以连接充电器、充电宝或供电电源。

UT658 DUAL 有两个输出端口,分别是普通的 USB TYPE-A 和 TYPE-C 插座,可以通过充电线连接电子设备。

使用时,每次只能单独使用同一类型的一路输入/输出端口,即如输入端口使用 TYPE-A 插头,则输出端口只能使用 TYPE-A 插座;如输入端口使用 TYPE-C 插头,则输出端口只能使用 TYPE-C 插座。

UT658 DUAL 有两个按键,一个是显示模式 MODE 键,另一个是数据读出键。短按 MODE 键,可切换屏幕显示,观看不同测量参数;长按 MODE 键,可清除当前数据,退出保护状态,恢复原始状态。长按 READ 键,可保存当前屏幕相关参数到 M0—M9 位置中;短按 READ 键,可依次选择浏览 M0—M9 位置中的数据。在浏览状态下长按 READ 键,此时屏幕会闪烁三次,即可清除 10 组所有存储数据内容。

UT658 DUAL 的主要技术指标如下:

- 电压测量范围:4.00—24.00 V DC,分辨率为 0.01 V。
- 电流测量范围:Type-A 接口为 0.05—3.00 A DC,分辨率为 0.01 A;Type-C 接口为 0.05—5.00 A DC,分辨率为 0.01 A。
- 容量:0—999 99 mA·h,分辨率为 1 mA·h。
- 电量:0—1 000 Wh。
- 回路等效电阻测量:0.1—480 Ω。
- USB 数据传输线电压(D+,D−):0—3.30 V。
- 计时:99 小时 59 分 59 秒,分辨率为 1 s。
- 支持快充协议:支持 USB2.0 数据传输功能,支持 QC1.0/2.0/3.0 快速充电协议;对 Type-C 接口还支持 QC4.0 快速充电协议。

UT658 的几个显示界面如图 8-22 所示。

图 8-22　UT658 的几个显示界面

UT658 DUAL 线路板的外形如图 8-23 所示。

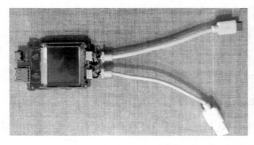

图 8-23　UT658 DUAL 线路板的外形

UT658 DUAL 核心器件采用了台湾 SONIX 公司的 SN8F57082 芯片。

SN8F57082 芯片兼容 MCS-51 指令集的 8 位单片机,在相同的时钟频率下,运行速度是原始 8051 的 12 倍,工作电压范围扩展到 1.8—5.5 V。SN8F57082 芯片内置 16 KB ROM、256B IRAM 和 1 KB XRAM。

SN8F57082 芯片采用 SOP20 或 TSSOP20 封装,有 18 个 I/O 口、6 个 PWM 通道、7 个 12 位 ADC 通道、2 个外部中断,另外,还有 UART 和 I^2C 接口。

8.3.3　空气粉尘检测仪

空气中的粉尘浓度是衡量空气质量的一个重要指标。随着工业化的快速发展和城市人口的增长,空气中粉尘的污染越来越严重,这给人类健康带来了极大的危害。实现粉尘浓度的监测,对治理大气污染和保护人类健康有着重大意义。空气粉尘检测仪简称粉尘仪,主要用于检测环境空气中的粉尘浓度,粉尘仪广泛应用于疾病预防控制中心、矿山、冶金、电厂、化工制造、卫生监督、环境保护、环境在线监测等。快速检测仪器主要采用 5 种方法:光散射法、β 射线法、微重量天平法、静电感应法和压电天平法。

目前使用较多的是激光粉尘仪,它运用光散射法作为检测原理,采用激光作为光源,实现了 PM2.5、PM5、PM10 等参数自动切换检测,可直接读取粉尘质量浓度(mg/m^3),其外形如图 8-24 所示。

图 8-24　激光粉尘仪的外形

1. 粉尘仪的主要功能与指标

粉尘仪具有以下功能:

* 能用于快速监测,可对仪器进行编程。

* 采用图形用户界面和彩色触摸屏。可以实时显示质量浓度、图形数据和其他一些统计数据,还能显示仪器的气泵、激光和流量状态等。

* 可以设定开始时间、总采样时间、采样间隔、报警阈值和其他需要的参数。

* 允许远程操作和使用无线网获取数据。

* 测量范围为 0.001—150 mg/m^3。

* 检测灵敏度为 0.01 mg/m^3、0.001 mg/m^3。

* 可选 TSP、PM10、PM2.5 可吸入颗粒物测量。

2. 粉尘仪的组成

以采用光散射法作为检测原理的激光粉尘仪为例,其总体框图如图 8-25 所示。仪器主要由光学传感器、气路系统(含气泵和管道等)、电路处理系统、微机控制系统等组成。

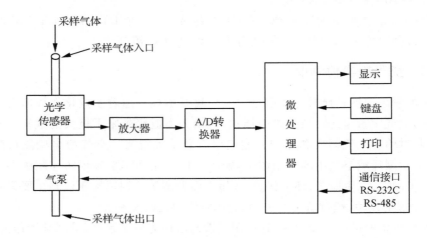

图 8-25　粉尘仪总体原理框图

（1）光学传感器

光学传感器由照明系统、散射光收集系统组成,这两个系统的轴线与采样气流的轴线相互垂直,交点周围的一个小区域是测量系统的光敏感区,它是粉尘流过时得到照明并产生散射光的位置。这是一个直角散射的光学系统,即照明系统光轴、散射光收集系统光轴和气路系统轴线相交于光敏感区中心,且两两垂直。直角散射光学系统可以很好地阻止来自照明系统的杂散光而获得较高的信噪比。光学传感器的原理图如图 8-26 所示。

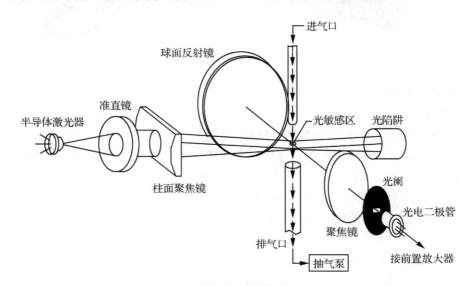

图 8-26　光学传感器的原理图

（2）气路系统

气路系统由进气嘴（包括气套）、散射腔、排气嘴、过滤器和抽气泵等组成。气路系统的功能是抽取采样气体,将带有粉尘的气体通过光敏感区,使粉尘产生散射光信号,被光电转换器接收。为了保证从进气嘴流出的气流柱全部流经激光束,根据托尔明的轴对称射流理论,考虑散射腔内压差的变化,设计合理的进、排气嘴口径及进气嘴到排气嘴的距离。

为了得到较宽的测量范围,气路系统应设计气套,如图 6-27 所示。气套主要有两个功能:其一是防止采样气体在光敏感区形成紊流,造成测量数据出错;其二是可以稀释采样气体,防止光电转换器过早饱和,扩大量程范围。

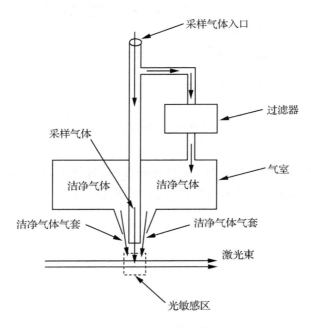

图 8-27　气路系统结构图

（3）电路处理系统

电路处理系统由信号处理、微机控制两大部分组成。信号处理电路由前置放大器和主放大器组成,前置放大器由一个高增益的反相放大器组成,它在把光电二极管输出的电流信号转换成电压信号的同时,还将信号进行了放大（图 8-28）。为了提高光电接收器的接收效率,降低噪声,采用光电二极管加偏压的方法,从前置放大器输出的信号经主放大器放大后传送到 A/D 转换器。由于光电二极管输出的电流信号非常微弱,因此采用了高增益、低噪声、高输入阻抗的运算放大器。

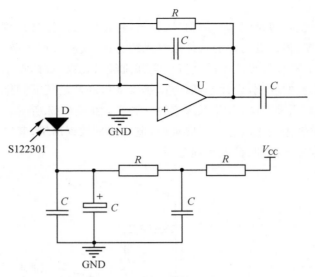

图 8-28 前置放大器

（4）微机控制系统

微机控制系统由单片微型计算机、A/D 转换接口、时钟电路、显示接口、键盘接口、存储器系统、打印接口、通信接口等部分组成,其结构如之前的图 8-25 所示。

参考文献

[1] 康华光.电子技术基础:模拟部分[M].5版.北京:高等教育出版社,2006.

[2] 华成英,童诗白.模拟电子技术基础[M].4版.北京:高等教育出版社,2006.

[3] 贾立新,王涌,陈怡.电子系统设计与实践[M].3版.北京:清华大学出版社,2014.

[4] 田良,王尧,黄正瑾,等.综合电子设计与实践[M].2版.南京:东南大学出版社,2010.

[5] 冈村迪夫.OP放大电路设计[M].王玲,徐雅珍,李武平,译.北京:科学出版社,2004.

[6] 刘海成.单片机及应用系统设计原理与实践[M].北京:北京航空航天大学出版社,2009.

[7] 康华光.电子技术基础:数字部分[M].6版.北京:高等教育出版社,2014.

[8] 叶朝辉.模拟电子技术理论与实践[M].北京:清华大学出版社,2016.

[9] 孙肖子.模拟及数模混合器件的原理与应用(上册)[M].北京:科学出版社,2009.

[10] Maniktala S.精通开关电源设计[M].王志强,等译.北京:人民邮电出版社,2008.

[11] 户川治朗.实用电源电路设计:从整流电路到开关稳压器[M].高玉苹,唐伯雁,李大寨,译.北京:科学出版社,2006.

[12] 黄智伟.电子系统的电源电路设计[M].北京:电子工业出版社,2014.

[13] 何希才.稳压电源电路的设计与应用[M].北京:中国电力出版社,2006.

[14] 邹丽新,朱桂荣,陈大庆,等.单片微型计算机原理及接口技术[M].苏州:苏州大学出版社,2018.

[15] 伍灵杰.数据采集系统中数字滤波算法的研究[D].北京:北京林业大学,2010.

[16] 王庆河,王庆山.数据处理中的几种常用数字滤波算法[J].计量技术,2003(4):53 - 54.

[17] 王颖,金志军.常用数字滤波算法[J].中国计量,2012(3):99 - 100.

[18] 凌忠兴.嵌入式系统中数字滤波的算法及软件流程[J].电测与仪表,2007(1):58 - 61,17.

[19] 李永化,刘莉.接地技术及其应用[J].西南民族学院学报(自然科学版),2001(3):321 - 324.

[20] 李艳春,生一华,黄效艳,等.电磁兼容接地和抑制干扰研究[J].山西电力,2009(3):57 - 59,69.

[21] 李柱.多路数据采集系统中隔离技术的研究[D].太原:中北大学,2012.

[22] 汪胜聪,滕勤,左承基.综述单片机控制系统的抗干扰设计[J].现代电子技术,2003(1):7 - 9.

[23] 田蛟,展文豪,张宏伟.基于单片机的信号发生器设计[J].信息技术,2011(5):87 - 90.